煤炭中等职业学校一体化课程改革教材

综采电气设备
（含工作页）

胤金萍　主编

应急管理出版社

·北　京·

图书在版编目（CIP）数据

综采电气设备：含工作页/胡金萍主编．--北京：
应急管理出版社，2020
煤炭中等职业学校一体化课程改革教材
ISBN 978-7-5020-8136-2

Ⅰ.①综… Ⅱ.①胡… Ⅲ.①采煤综合机组—电气
设备—教材 Ⅳ.①TD421.8

中国版本图书馆 CIP 数据核字（2020）第 101299 号

综采电气设备（含工作页）

（煤炭中等职业学校一体化课程改革教材）

主　　编	胡金萍
责任编辑	罗秀全
编　　辑	田小琴
责任校对	赵　盼
封面设计	罗针盘

出版发行	应急管理出版社（北京市朝阳区芍药居 35 号　100029）
电　　话	010-84657898（总编室）　010-84657880（读者服务部）
网　　址	www.cciph.com.cn
印　　刷	北京玥实印刷有限公司
经　　销	全国新华书店

开　　本	787mm×1092mm$\frac{1}{16}$	印张	$15\frac{3}{4}$	字数	371 千字
版　　次	2020 年 8 月第 1 版　2020 年 8 月第 1 次印刷				
社内编号	20193553		定价	48.00 元	

前　言

随着我国供给侧结构性改革的推进和煤炭行业去产能、调结构及资源整合步伐的加快，我国煤矿正向工业化、信息化和智能化方向发展。在这一迅速发展的进程中，我国煤矿生产技术正在发生急剧变化，加强人才引进和从业人员技术培训，打造适应新形势的技能人才队伍，是煤炭行业和各个煤矿的迫切需要。

中职院校是系统培养技能人才的重要基地。多年来，煤炭中职院校始终紧紧围绕煤炭行业发展和劳动者就业，以满足经济社会发展和企业对技术工人的需求为办学宗旨，形成了鲜明的办学特色，为煤炭行业培养了大批生产一线高技能人才。为遵循技能人才成长规律，切实提高培养质量，进一步发挥中职院校在技能人才培养中的基础作用，从2009年开始，人社部在全国部分中职院校启动了一体化课程教学改革试点工作，推进以职业活动为导向、以校企合作为基础、以综合职业能力教育培养为核心，理论教学与技能操作融会贯通的一体化课程教学改革。在这一背景下，为满足煤炭行业技能人才需要，打造高素质、高技术水平的技能人才队伍，提高煤炭中职院校教学水平，山西焦煤技师学院组织一百余位煤炭工程技术人员、煤炭生产一线优秀技术骨干和学校骨干教师，历时近五年编写了这套供煤炭中等职业学校和煤炭企业参考使用的《煤炭中等职业学校一体化课程改革教材》。

这套教材主要包括山西焦煤技师学院机电、采矿和煤化三个重点建设专业的核心课程教材，涵盖了该专业的最新改革成果。教材突出了一体化教学的特色，实现了理论知识与技能训练的有机结合。希望教材的出版能够推动中等职业院校的一体化课程改革，为中等职业学校专业建设工作作出贡献。

《综采电气设备（含工作页)》是这套教材中的一种。本书采用一体化模式编写，以煤矿供电、井下采煤电气设备、保护等为编写内容，详细介绍了矿井供电系统、继电保护装置的整定与维护、井下供电设备、井下供电安全技术措施相关知识，对于教学内容及其处理方法具有较好的把握。因此，既有适合于教师教学、适合于学生认知的一面，又能贴近煤矿实际，帮助学习者学有所

1

获，学有所用。

本书编写内容由浅入深，通俗易懂，可作为煤矿职业学校煤矿电气设备维修、煤矿井下机电、采煤运输、井下电钳等相关专业的学生用书，也可作为煤矿企业培训及职业技能鉴定机构的教材，还可作为煤矿生产一线相关专业技术人员的参考用书。

本书由山西焦煤技师学院胡金萍担任主编，负责全书大纲的拟定和统稿工作。其中：授课教材模块一、模块三、模块四和工作页部分由山西焦煤技师学院胡金萍编写，授课教材模块二由山西焦煤技师学院侯国清编写。本教材在编写过程中，参阅了相关书籍，在此向各作者表示诚挚的感谢！

由于时间仓促，书中难免存在不足，恳请读者提出指正。

煤炭中等职业学校一体化课程改革教材
编审委员会
2019 年 12 月

总　目　录

总　目　录

综采电气设备

目　　录

模块一 矿井供电系统

供电系统是煤矿生产的主要环节之一，随着采煤机械化程度的不断提高，煤矿产量和质量大大提高，生产成本和工人的劳动强度大大降低，改善了工人的劳动条件。但是煤矿电力如果突然中断，就可能发生重要的设备损坏和人员伤亡事故。因此，供电系统必须具备安全、可靠的特点，才能适应煤矿现代化生产的需要。同时煤矿井下环境特殊，有瓦斯、煤尘等有害因素，空间狭窄，易发生爆炸事故，因此对井下电气设备要进行防爆。

学习任务一 煤矿供电系统

【学习目标】

(1) 掌握煤矿供电系统对井下供电的要求及对电力负荷的分级。

(2) 掌握煤矿供电系统组成。

(3) 了解煤矿供电系统如何将电能输送至井下用电负荷。

(4) 掌握煤矿供电系统中各环节的作用和接线方式。

(5) 了解煤矿井下变电所设备选型与布置情况。

【建议课时】

8 课时。

【工作情景描述】

在煤矿井下，由于环境条件恶劣，工作空间狭窄，为保证供电安全，井下供电线路除架线电机车外，必须使用矿用电缆。

煤矿供电系统由各种电气设备和配电线路按一定的接线方式组成。其主要作用是从电力系统取得电能，通过变换、分配、输送等环节将电能安全、可靠地输送到动力设备上，以满足煤矿生产的要求。

学习活动1 明确工作任务

【学习目标】

(1) 掌握煤矿供电系统对井下供电的要求及对电力负荷的分级。

(2) 掌握煤矿供电系统组成。

(3) 了解煤矿供电系统如何将电能输送至井下用电负荷。

(4) 掌握煤矿供电系统中各环节的作用和接线方式。

(5) 了解煤矿井下变电所设备选型与布置情况。

【学习课时】

4 课时。

一、工作任务

在学习了煤矿供电系统基本理论的基础上，掌握井下供电的要求和电力负荷的分级；了解煤矿供电系统的组成及各变电所的任务、位置布置、设备选型和接线特点。

二、相关理论知识

1. 供电要求

由于煤矿井下生产条件的特殊性，煤矿企业对供电有如下 4 个要求。

1）可靠性

供电的可靠性是指供电系统不间断供电的可靠程度。煤矿供电一旦中断，不仅影响生产，而且可使设备损坏，甚至发生人员伤亡事故，严重时会造成矿井的毁坏。为了保证煤矿供电的绝对可靠，每一矿井应采用两回电源线路，当任一回路发生故障停止供电时，另一回路应能担负矿井全部负荷。正常情况下，采用一回路运行，另一回路必须带电备用，以保证井下生产过程中供电的连续性。两回电源线路最好引自不同的发电站或变电所，至少应引自同一变电所的不同母线段。

2）安全性

煤矿生产环境复杂，自然条件恶劣，供电线路和电气设备易受损坏，如果用电不合理，不仅会造成漏电及人身触电事故，而且会导致瓦斯、煤尘爆炸等严重后果。因此，必须采取防爆、防触电、防潮及过流保护等一系列安全技术措施，严格遵守《煤矿安全规程》中的有关规定，以确保煤矿供电安全。

3）技术合理性

供电的技术合理性是指电能的电压、频率、波形等质量指标要达到一定的技术标准。频率、波形的偏差会影响到某些电气设备的正常工作。良好的电能质量是指电压偏移不超过额定值的 $\pm 5\%$；3000 kW 及以上供电系统，频率偏移不超过 ± 0.2 Hz，3000 kW 以下供电系统，频率偏移不超过 ± 0.5 Hz。

4）经济性

在保证供电的前提下，应力求供电网络接线简单，操作方便，建设投资和维护费用较低。

2. 电力负荷分级

矿区电力负荷按用户重要性和中断供电对人身安全或在经济等方面所造成的损失和影响程度分为三级。

1）一级负荷

凡中断供电会造成人员伤亡或在经济等方面造成重大损失的，均为一级负荷。如：矿井通风设备、井下主排水设备、经常升降人员的立井提升设备、瓦斯抽放设备等。一级负荷至少应由两个电源供电。

2）二级负荷

凡中断供电将在经济等方面造成较大损失或影响重要用户正常工作的，均为二级负荷。如：经常升降人员的斜井提升设备、地面压缩空气设备、井筒保温设备、矿灯充电设备、井底水窝和采区下山排水设备等。二级负荷一般由双回路电源线路供电，也可以采用单回路专用线路供电。

3) 三级负荷

凡中断供电不会在经济上或其他方面造成较大影响的，为三级负荷。如：学校、医院、加工厂等。三级负荷只需要单回路电源线路。

3. 典型的煤矿供电系统

如图 1-1 所示为典型的煤矿供电系统。它主要由煤矿地面变电所、井下主变电所、采区变电所、综采工作面配电点等组成。

1) 矿井地面变电所

矿井地面变电所是全矿供电的总枢纽，它担负着受电、变电、配电和主要电气设备工作状况监视等任务。

根据矿井的类型和电力系统的电压，地面变电所受电电压一般为 110～35 kV。图 1-1 所示中的 35 kV 电力电压取自电力系统，经双回路独立电源架线引至地面变电所。变电所设两台变压器，分别经高压开关与相应的一次母线段相连接，将 35 kV 电压降为 6 kV（或 10 kV），再经高压开关与变电所相应的二次母线段分配给地面和井下高压电气设备。6 kV 高压电能从变电所的母线引出，借沿井筒敷设的两条铠装电缆传送至井下主变电所。

2) 井下主变电所

井下主变电所是井下供电的枢纽，电能配送的中心，它直接由地面变电所供电。其主要任务是向下列设备及地点配电：①各采区变电所；②主排水泵的高压电动机；③井底车场及附近巷道的低压动力设备和照明装置；④井下电机车需要的变流设备。

(1) 位置选择：井下中央变电所一般设在井底车场附近、负荷的中心，且与水泵房相连。为设备运输方便，井下中央变电所与井底车场运输巷道开有相通的联巷。

(2) 设备布置：井下中央变电所主要设备有高压配电装置、动力变压器、低压馈电开关、高压启动柜、变流器柜、照明信号综合保护装置及照明灯具等。动力变压器至少有两台，以保证供电的可靠性、安全性。

(3) 接线系统：井下电源引自地面变电所低压侧。立井开拓的矿井，电缆经进风井引入井下中央变电所，采用双回路供电。

接线系统要求安全可靠、操作方便。如图 1-1 所示高压系统的进线及馈出线均设断路器。高压母线通常采用单母线分段系统，两段母线间设联络断路器，正常时分列运行，故障时切断故障线路，合上联络断路器。通常每段母线接一根进线电缆，负荷大的矿井可以采用两根或两根以上电缆并联作为一回路使用。

3) 采区变电所

采区变电所是采区供电的中心，其任务是将井下中央变电输送的 6 kV（或 10 kV）高电压变为低电压，配送给采掘工作面及附近用电设备，同时还向本采区的移动变电站直接配送高压电能。

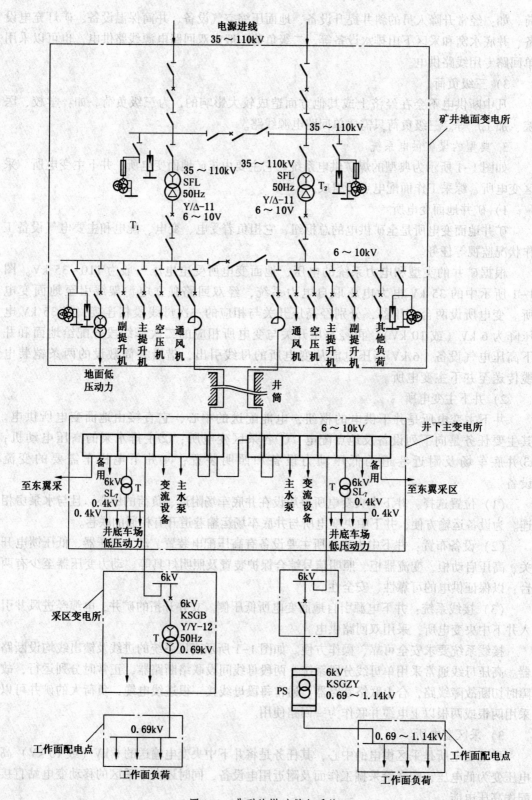

图1-1 典型的煤矿供电系统

（1）位置选择：采区变电所为采区用电设备提供电源，也是煤矿供电系统安全运行的薄弱环节，考虑采区生产的供电距离和用电负荷，其位置对采区供电安全和供电质量有直接的影响，其位置的选择应符合《煤矿安全规程》和《煤矿工业设计规范》的要求。为此，通常将采区变电所设在采区装车站附近，或在上（下）山与运输平巷交叉处，或两个上（下）山之间的联络巷中。

（2）设备布置：采区变电所的设备一般从高压进线端起依次为高压配电箱、矿用动力变压器、低压馈电总开关、各分路低压馈电开关、照明变压器等，如图1-2所示。硐室内不设电缆沟，高低压电缆均挂在墙壁上。变电所接地装置设局部接地极。

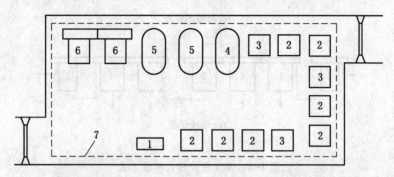

1—照明信号综合保护器；2—低压分路馈电开关；3—低压馈电总开关；
4—风机专用变压器；5—矿用变压器；6—高压配电箱；7—变电所接地装置

图1-2 采区变电所设备布置图

采区变电所内低压分路馈电开关的设置数量，是根据采区分布情况及电气设备容量大小等确定的，一般情况下，每向采区配出一路电源，就应设置1台分路馈电开关。

（3）接线系统：采区变电所接线方式种类很多，按供电电源回路数可分为单电源进线的接线和双电源进线的接线两种，目前广泛采用双电源进线的接线方式。

单电源进线可分为两种接线方式：无高压出线且变压器不超过两台的采区变电所，可不设电源进线开关，如图1-3a所示；有高压出线的采区变电所，为了便于操作，可设进出线开关，如图1-3b所示。

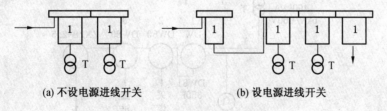

(a) 不设电源进线开关   (b) 设电源进线开关

图1-3 单电源进线的接线方式

双电源进线一般用于综采和综掘工作面或接有下山排水设备的采区变电所。双电源供电方式中的进线也分两种情况：电源进线一回路供电，一回路备用（带阴影线开关为分段开关），两回路均设进线开关（图1-4a），在此接线方式中由于出线及变压器台数较少，母线可不分段；电源进线两回路同时供电（图1-4b），采用此种进线方式的系统中由于出线及变压器台数较多，两回路均需设进线开关且母线设分段开关，正常情况下分段开关断开，保持电源为分列运行状态。

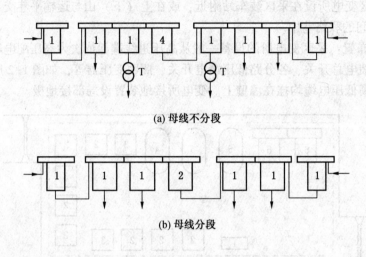

(a) 母线不分段

(b) 母线分段

图1-4　双电源进线的接线方式

（4）采区变电所的低压接线：采区变电所低压控制开关的设置应从安全合理供电和有利于生产出发，注意停电时既要缩小停电范围，又要便于机电检修。采区变电所低压接线方式如图1-5所示。变压器的低压侧安装1DW总开关，在1DW的负荷侧接有漏电继电器，又在1DW的负荷线上串接有2DW、3DW馈电分路开关，其整定值的大小可根据用电负荷的大小以及距离的情况分别确定。

当变电所设置两台变压器时，各变压器采用分列运行，但需注意两台变压器的并联运行也要符合并联运行条件，否则不得采用低压并联运行方式，以防烧坏变压器或造成低压电源短路。

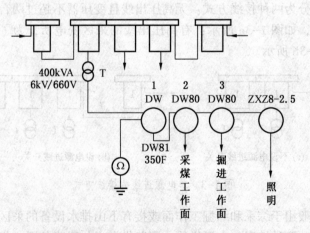

图1-5　采区变电所典型低压接线方式

4）工作面配电点

工作面配电点是工作面及其附近巷道的配电中心，其作用是将采区变电所或移动变电站送来的低压电能再分配至采掘工作面的用电设备，同时将部分电能降压到 127 V，供煤电钻以及工作面附近巷道中的照明、信号、通信等装置使用。

学习活动2　工作前的准备

【学习目标】

（1）掌握煤矿供电系统对井下供电的要求及对电力负荷的分级。

（2）掌握煤矿供电系统组成。

（3）了解煤矿供电系统如何将电能输送至井下用电负荷。

（4）掌握煤矿供电系统中各环节的作用和接线方式。

一、工具

绘图用的尺子。

二、设备

本活动不需要。

三、材料与资料

某煤矿供电系统图（或模拟图板）范例图 1 份，绘图用的纸、铅笔、橡皮等。

学习活动3　现　场　施　工

【学习目标】

识读煤矿供电系统图并绘制。

【建议课时】

4 课时。

【任务实施】

一、识读

煤矿供电系统由各种电气设备和配电线路按一定的接线方式组成，其作用是从电力系统取得电能，通过变换、分配、输送等环节将电能安全、可靠地输送到动力设备上，以满足煤矿生产的需要。如图 1-1 所示为典型的矿井供电系统图，来自区域变电所或发电厂的电能，经矿井地面变电所变压器降压后，分别向矿井地面上的高、低压负荷供电，同时通过下井电缆将 6 kV（或 10 kV）高压电能送至井下中央变电所，供井下高低压动力用电，并向各采区变电所供电或经移动变电站降压后，再将电能输送至各工作面配电点。某煤矿供电系统图部分图形符号、功能说明见表 1-1。

识图要求：

（1）准备好某煤矿供电系统图或模拟图板的范例图 1 份。

表1-1 某煤矿供电系统图部分图形符号、功能说明

图例	实物图	名称	功能
QS		隔离开关	主要特点是无灭弧能力，不能带负荷分、合电路，一般与断路器配合使用
QF		断路器	是带有强力灭弧装置的高压开关设备，是供配电系统中重要的开关设备，能够开断和闭合正常线路与故障线路
		矿用变压器	具有变压、变流等功能，将35~110 kV 电压降为6~10 kV 电压
		避雷器	防雷电过电压的作用
		熔断器	主要对高压线路和电气设备进行短路保护
		过电压保护器	对操作过电压具有保护的作用，它可以直接切断非工频的过电压，但是容量较小
		电抗器	用于对供电线路的限流保护

（2）在熟悉矿井概况的前提下，首先读懂供电系统图中的图名、图形符号及其含义。

（3）识读煤矿供电系统图。在供电系统图上找出电源进出线回路数、主变压器台数以及各级变、配电所（站）的接线方式等。

（4）根据各个变配电环节的接线方式，判断煤矿供电系统在保证煤矿安全生产上采取的具体措施。

二、绘制煤矿供电系统图

1. 煤矿供电系统图绘制的范围

（1）煤矿供电系统图绘制范围应包括矿井地面供电系统、井下主变电所、各采区变电所、各移动变电站、各工作面配电点。

（2）矿井地面、井下高压供电系统图应涵盖 6 kV（10 kV）及以上电气设备及连接情况和主要生产系统负荷分布情况。

2. 绘制规范的要求

（1）供电线路采用单实线表示，不同的电压等级线路应采用不同粗细的线条表示。

（2）供电系统图中各图形符号应按标准图例绘制，标示位置原则上应按照供配电场所中电气设备的实际位置由左至右、自上而下排列；同一级负荷电气连线应并排放置，并用水平直线连接；上、下级负荷应上、下排列，用竖线连接。

（3）各变电所高压开关的进出线可不与上、下级连接，但必须在开关进出线处标明来自或到何处、上级开关系统编号；变电所、配电点等处的最下级开关还应在负荷线箭头下端标注负荷的安装地点和容量等。

（4）供电系统图应标出上一级电源的出处；电源进线处应标注电源的电压等级，变压器（移变）必须标注出型号及变比（一次侧电压/二次侧电压）。

（5）图纸要准确、实用、美观。设备和线路布局合理、排列整齐、标注清晰。线路尽量避免交叉，交叉连接点用实线点标注。变电所、变电硐室相互之间应有合适的距离。

3. 绘制矿井供电系统图

根据给定的某生产矿井概况，绘制出该矿井供电系统图。

注意：

（1）识读煤矿供电系统图，一定要在熟悉矿井概况的前提下进行。

（2）通过查阅资料或请教现场工作人员，了解煤矿井下供电概况。

（3）绘制供电系统图要规范，所用图形符号要符合国家和行业标准。

学习任务二　井下电气防爆

【学习目标】

（1）了解防爆原理。

（2）熟悉防爆型电气设备的类型和标志。

（3）掌握电气设备的防爆措施和防爆电气设备的基本要求。

（4）了解防爆电气设备完好标准。

（5）熟悉失爆的检查方法。

【建议课时】

6 课时。

【工作情景描述】

煤矿井下在生产过程中存在着瓦斯、煤尘等具有爆炸性的物质，为了安全生产，防止瓦斯、煤尘发生爆炸事故，一方面要控制瓦斯、煤尘在井下空气中的含量；另一方面要杜绝一切能够点燃矿井瓦斯、煤尘的点火源和高温热源。井下电气设备正常运行和故障状态下都有可能出现电火花、电弧、热表面和灼热颗粒等，它们都具有一定的能量，可以成为点燃瓦斯、煤尘的点火源和热源。因此煤矿井下使用的电气设备必须是防爆型的，以防止瓦斯、煤尘爆炸事故的发生。

合理选用防爆电气设备及电气设备防爆性能检查是安全生产的重要保障，矿山机电专业的学生应具备电气设备选用和维护的能力。

学习活动 1 明确工作任务

【学习目标】

（1）了解防爆原理。

（2）熟悉防爆型电气设备的类型和标志。

（3）掌握电气设备的防爆措施和防爆电气设备的基本要求。

【建议课时】

2 课时。

一、工作任务

井下为什么会经常发生爆炸事故？采取哪些措施可以防止爆炸事故发生呢？电气设备在井下爆炸事故中充当什么角色？电气设备应如何防爆？

二、相关理论知识

1. 煤矿井下爆炸成因及预防爆炸的基本措施

任何具有潜在爆炸危险的场所，都属于爆炸性危险场所。煤矿井下，在煤炭开采过程中，瓦斯爆炸、煤尘爆炸、煤与瓦斯突出、中毒、窒息矿井火灾、透水、顶板冒落等多种灾害事故时有发生。在这些事故中尤以瓦斯（煤尘）爆炸造成的损失最大，从每年的事故统计来看，煤矿发生一次死亡 10 人以上的特大事故中绝大多数是由于瓦斯（煤尘）爆炸，约占特大事故总数的 70%，预防、控制瓦斯（煤尘）爆炸事故是实现煤矿安全生产的关键。

瓦斯（煤尘）爆炸的原因是具备了一定条件，即一定的瓦斯（煤尘）浓度、一定的点火源（电火花、炽热表面）、一定的氧气浓度。

根据这个条件，防止爆炸一方面要预防瓦斯积聚，搞好通风，限制瓦斯、煤尘在空气中的含量；另一方面要杜绝一切能够点燃矿井瓦斯、煤尘的点火源和危险温度。矿井中能够引起瓦斯、煤尘爆炸的点火源很多，而电气设备在正常运行或事故状态下可能出现的电火花、电弧和过度发热的导体是主要的点火源。所以，煤矿井下必须使用防爆型电气设备。

2. 防爆型电气设备的标准

防爆型电气设备是指按国家标准设计、制造、使用的不会引起周围爆炸性混合物爆炸的电气设备。

现行的防爆型电气设备国家标准是 GB 3836 系列。它的主要内容是把防爆电气设备分为隔爆型（d）、增安型（e）、本质安全型（i）、正压型（p）、充油型（o）、充砂型（q）、无火花型（n）、浇封型（m）、气密型（h）、特殊型（s），并对其防爆技术及试验方法进行了规定。国家标准主要包括以下几点：

（1）电气设备的允许最高表面温度。表面可能堆积粉尘时为 150 ℃，采取防尘堆积措施时为 450 ℃，防爆电气设备的使用环境为 -20~40 ℃。

（2）电气设备与电缆的连接应采用防爆电缆接线盒，电缆的引入引出必须用密封的电缆引入装置，并应具有防松动、防拔脱措施。

（3）对不同的额定电压和绝缘材料，电气间隙和爬电距离都符合相应的国家标准要求。

（4）具有电气或机械闭锁装置，有可靠的接地及防止螺钉松动的装置。

（5）防爆电气如果采用塑料外壳，须采用不燃性或难燃性材料制成，并保证塑料表面的绝缘电阻大于 1×10^9 Ω，以防积聚静电，还必须承受冲击试验和热稳定试验。

（6）防爆电气设备限制使用铝合金外壳，防止其与铁锈摩擦产生大量热能，避免形成危险温度。

（7）防爆电气设备必须经国家认定的防爆试验单位鉴定。

3. 防爆型电气设备的防爆安全技术

电气设备运行中不可避免地会产生电火花、电弧和过热导体。为防止这些热源引起瓦斯、煤尘爆炸，防爆型电气设备采用以下 4 种防爆安全技术。

1）采用隔爆外壳

这种隔爆外壳多用于井下高低压开关设备、电动机等，如图 1-6 所示，即将正常工作和事故状态下可能产生火花的部分放在一个或几个外壳中。外壳的作用有两个。

（1）耐爆性：指的是外壳具有足够的机械强度，能将内部的火花、电弧与电气设备使用环境中的爆炸气体隔开，当壳内出现较强的爆炸时不会使外壳损坏和变形。因此，为保证外壳能承受爆炸高温、高压的冲击，井下大多数电气设备的外壳都是用抗拉强度和韧性较高的钢板焊接制成。

（2）隔爆性：指的是外壳内部产生爆炸的火焰不会引爆其周围的瓦斯、煤尘。要保证隔爆性，就要求外壳各连接零件间具有一定的结构尺寸，设备外壳各部件间的接合面符合一定的要求，以保证外喷火焰或灼热的金属颗粒不会引起壳外的可燃性气体爆炸。外壳的隔爆程度是由外壳装配接合面的宽度、间隙和表面粗糙度来保证的。因此，接合面越宽，间隙越小，隔爆性能越好。在实际工作中由于电气设备接合面宽度已被确定，所以接合面间隙对设备的隔爆性起着决定性的作用。因此，在实际工作中要对外壳接合面及其表面粗糙度加以保护。

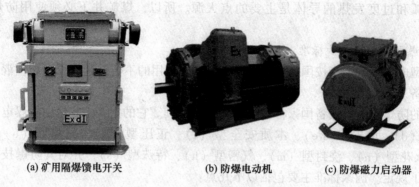

　　(a) 矿用隔爆馈电开关　　　　(b) 防爆电动机　　　　(c) 防爆磁力启动器

图 1-6　矿用防爆型电气设备

2）采用增安措施

采用增安措施就是对一些电气设备采取防护措施，制定特殊要求，以防止电火花、电弧和过热现象的发生，如提高绝缘强度、规定最小电气间隙、限制表面温升及装设不会产生过热或火花的导线接头等。这种措施适用于电动机、变压器、照明等装置。

3）采用本质安全电路

本质安全电路是指电路外露的火花能量不足以点燃瓦斯和煤尘的电路。这种电路采用的基本技术措施是限制电压、限制电流、限制能量（含储能元件，如电容和电感）、合理选择元器件额定参数、载流导线截面等。由于这种电路的电压、电流等参数都很小，故只限于通信信号、测量仪表、自动控制系统等。

4）超前切断电源

利用瓦斯、煤尘从接触火源到引起爆炸需要经过一定时间的、延迟的特性，使电气设备在正常和故障状态下产生的热源或电火花在尚未引爆瓦斯、煤尘之前切断电源，达到防爆目的。

4. 防爆电气设备的标志

为了从防爆电气设备的外观上能明显地了解到它的类型，把防爆电气设备按标志、形式、类别、级别、组别的顺序进行说明。

（1）标志：防爆电气设备的总标志为 Ex，安全标志为 MA。

（2）形式：即各种类型的防爆电气设备的标志。如 d 表示为隔爆型电气设备。

（3）类别：按使用环境的不同，将防爆电气设备分为Ⅰ类、Ⅱ类。Ⅰ类专门适用于煤矿井下，Ⅱ类用于地面工厂具有非甲烷外的混合物爆炸环境中。

（4）级别：主要针对隔爆型和本质安全型电气设备，分为ⅡA、ⅡB、ⅡC 三级。

（5）组别：针对Ⅱ类电气设备，按照运行时允许的最高表面温度分为 T1—T6 六组。

例如：一台仪表的防爆标志为 ExdⅡBT4，请说明其含义。

其含义：Ex——防爆总标志；

　　　　　d——结构形式，隔爆型；

Ⅱ——类别，工厂用；

B——防爆级别，B 级；

T4——温度组别，T4 组，最高表面温度不大于 135 ℃。

5. 防护等级

防护等级指电气设备具有的防外物、防水的能力。防外物是指防止外部固体进入设备内部和防止人体触及设备内部带电或运动部件的性能。防水是指防止外部水分进入设备内部，对设备本身产生有害影响的防护能力。国家标准规定防护等级，用 IP×× 表示，第一个×表示防外物能力，分为 7 级（0~6），第二个×表示防水能力，分为 9 级（0~8），数字越大等级越高，要求越严格。

学习活动 2 工 作 前 的 准 备

【学习目标】

（1）能通过阅读相关资料，掌握防爆电气设备的基础知识及相关标准。

（2）能掌握电气设备的失爆现象。

（3）能正确认识失爆的危害。

（4）了解失爆产生原因及防治措施。

（5）熟悉失爆的检查方法。

一、工具

尺子、塞尺、专用电工工具箱。

二、设备

防爆电气设备。

三、材料与资料

煤矿电气设备的失爆及检查方法资料，记录用的纸、笔等。

学习活动 3 现 场 施 工

【学习目标】

（1）了解防爆电气设备的基本要求。

（2）了解防爆电气设备失爆现象。

（3）掌握防爆电气设备的失爆检查方法。

【建议课时】

4 课时。

【任务实施】

一、防爆电气设备的基本要求

每一类型防爆电气设备除应符合专门的电气设备安全规程之外，还要符合《爆炸性环

境 第1部分：设备 通用要求》（GB 3836.1—2010）的规定，这样才能保证其防爆性能。对一些零部件的具体要求有以下5个方面。

1. 紧固件

紧固件是保证防爆性能必不可少的重要零件。

（1）螺栓和螺母必须有防松装置，如弹簧垫圈。

（2）结构上有特殊要求时，须采用特殊紧固件，如将螺栓头或螺母放在护圈或沉孔中。

（3）紧固件应采用不锈钢材料制成或经电镀等防锈处理。

2. 联锁装置

现场操作一般是简单的重复操作，出现误操作的可能性非常大，在紧急情况下误操作可能性更大。因此《煤矿安全规程》要求这些电气设备应具有机械联锁装置，也叫做机械闭锁。其目的是从结构上保证操作顺序，防止误操作，而且使用一般工具不能解锁。

机械联锁具备联锁功能，不能图方便拆掉联锁机构。禁止用语言警示方法代替联锁机械。

3. 绝缘套管

绝缘套管指固定在外壳隔板上，使单根导体或多根导体穿过隔板而不改变电气设备防爆形式的绝缘件。当绝缘套管与连接件在接线过程中承受力矩作用时，应能承受相应的扭转试验。而井下带电设备的绝缘套管不得有连通两个防爆腔的裂纹。

4. 引入装置

引入装置也叫进线装置，是外部电线或电缆进入防爆电气设备的过渡环节，是防爆电气设备最薄弱的部分。引入（出）装置的接线必须按规定工艺进行。

5. 接地

接地的目的在于防止电气设备外壳带电。良好的接地可使外壳总是处于"地"电位，避免造成人身触电或对地放电事故的发生。所以电气设备的金属外壳必须设内外接地螺栓，并标识接地符号"⏚"。接地零件必须做防锈处理或用不锈钢材料制成。

二、电气设备防爆性能的完好标准

（1）外壳完好无损伤，无裂痕及变形。

（2）外壳的紧固件、密封件、保护接地装置齐全完好。

（3）隔爆面的间隙、有效宽度和表面粗糙度以及螺纹隔爆结构的拧入深度和扣数应符合《煤矿矿井机电设备完好标准》的规定。

（4）电缆接线盒及电缆引入装置完好，零部件齐全、无缺损，电缆连接牢固、可靠。

（5）接线盒内裸露导电芯线应无毛刺，接线方式正确，上紧接线螺母时不能压住绝缘材料。

（6）联锁装置功能完善，保证电源接通打不开盖，开盖送不上电；内部电气元件、保护装置完好无损、动作可靠。

（7）在设备输出端断电后，壳内仍有带电部件时，在其上装设防护绝缘板盖，并标明"带电"字样，防止人身触电事故。

（8）接线盒内的接地芯线必须比导电芯线长，即使导线被拉脱，接地芯线仍保持连接；接线盒内保持清洁，无杂物和导电线丝。

（9）隔爆型电气设备安装地点无滴水、淋水，周围围岩坚固；设备放置与地面垂直，最大倾角不得超过15°。

三、防爆型电气设备的失爆

电气设备使用、检修、维护不当，会使电气设备失去耐爆性和隔爆性，不能保证在一定的危险场所安全供电、用电、通信和控制，即电气失爆。而电气失爆产生火花是引起煤矿井下瓦斯爆炸的主要火源。

隔爆型电气设备常见的失爆现象：

（1）由于隔爆接合面严重锈蚀、有较大的机械伤痕（凹坑）、连接螺钉没有压紧而使它们的间隙超过规定值，因此失爆。

（2）因矸石冒落砸伤、支架变形挤压、搬运过程中严重碰撞等而使外壳严重变形；因隔爆外壳上的盖板、连接嘴、接线盒的连接螺钉折断、螺扣损坏、连接螺钉不齐全等，使其机械强度达不到规定的要求而失爆。

（3）在隔爆外壳内不经批准随便增加元件或部件，使某些电气距离小于规定值，造成经外壳相间弧光接地短路，使外壳烧穿而失爆。

（4）设备的非加工面发生脱落和氧化层，即为锈蚀失爆。

（5）隔爆面或加工面发现锈迹，用棉丝擦掉后仍留有锈蚀斑痕者，即为锈蚀失爆。

（6）连接电缆没有使用合适的密封圈或未用密封圈，不用的电缆连接孔没有使用合格的封堵挡板而失爆。

（7）接线柱、绝缘座管烧毁，使两个空腔连通，内部爆炸时产生过高压力而使外壳失爆。

（8）隔爆外壳因焊缝开焊、裂纹、严重变形长度超过50 mm，同时凹凸深度超过5 mm即为失爆。

（9）采用螺栓固定的隔爆接合面有下列之一情况之一者即为失爆。

①缺螺栓、弹簧垫圈或螺母。

②弹簧垫圈未压平或螺栓松动。

③螺栓或螺孔滑扣，而未采取规定措施。在实际工作中，对于采用穿孔固定的隔爆接合面的固定螺栓不应超过1～3扣，同时规定如下：一是弹簧垫圈的规格必须与螺栓相适应，偶尔出现弹簧垫圈断裂或失去弹性时，应详细检查其防爆间隙，若不超限，更换合格弹簧垫圈后不为失爆，也不影响完好。二是同一部位的螺栓、螺母等规格一致，螺母必须上满扣，否则为失爆；钢紧固螺栓伸入螺孔长度应不小于螺栓直径的尺寸，铸铁、铜、铝件不小于螺栓直径的1.5倍；如果螺孔深度够，则必须上满孔，否则为失爆。三是隔爆接合面法兰厚度小于原设计的85%时为失爆。

（10）螺纹隔爆接合面的结构规定：

①密封圈的单孔内穿进多根电缆为失爆。

②密封圈割开套在电缆上为失爆。

③密封圈部分破损为失爆。

④密封圈没有完全套在电缆护套上为失爆。

⑤一个引入装置内用多个密封圈为失爆。

⑥密封圈与电缆护套之间有其他包扎物为失爆。

⑦密封圈变形，有效尺寸配合间隙达不到要求，起不到密封作用的即为失爆。

⑧密封圈的硬度达不到邵氏硬度45~55度要求，老化、失去弹性、变质即为失爆。

失爆都是由于安装、运行、维修质量不符合标准或产品质量不合要求所引起的。电气设备失爆后存在很大的隐患，容易产生电弧引起瓦斯、煤尘爆炸事故，发生漏电提前引爆电雷管可造成重大人身伤亡事故。因此，必须严格保证质量，才能防止失爆。

四、防爆电气设备的失爆检查步骤

1. 外观检查

（1）防爆外壳有无变形。若防爆外壳变形长度超过50 mm，凸凹度超过5 mm即为失爆。

（2）防爆外壳有无开焊、锈蚀。防爆壳内外有锈皮脱落、开焊即为失爆。

（3）防爆外壳有无裂缝。有裂缝为失爆。

（4）紧固用的螺栓、螺母、垫圈等零部件齐全完整、连接紧固；否则，为失爆。

（5）观察窗孔胶封及透明度良好，无破损、无裂纹；否则，为失爆。

零部件不全、连接松动、闭锁装置损坏示例图如图1-7所示。

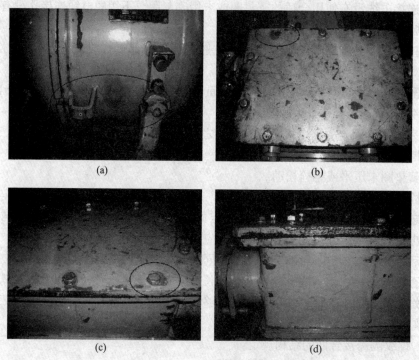

图1-7 零部件不全、连接松动、闭锁装置损坏示例图

2. 隔爆结合面的检查

（1）隔爆接合面紧固螺栓的螺母要上满扣，不满扣为失爆。紧固螺钉深入螺孔长度应不小于螺纹直径的尺寸（铸铁、铜、铝件等不小于螺纹直径的 1.5 倍），如螺孔深度不够，则螺钉必须拧满扣；否则，属于失爆。

（2）隔爆接合面紧固螺栓应加装弹簧垫圈或背帽（用弹簧垫圈时其规格应与螺栓规格一致，紧固程度应以将其压平为合格），螺栓松动、无弹簧垫圈或背帽和弹垫不合格均为失爆。

（3）隔爆结合面的间隙：平口结合面必须压实、不留间隙，转盖结合面间隙不能超过 0.5 mm，否则为失爆。

（4）隔爆结合面的表面粗糙度不大于 $\Delta 6.3$，操作杆的表面粗糙度不大于 $\Delta 3.2$。

（5）隔爆结合面不得有锈蚀及油漆，否则为失爆。

（6）机械伤痕的宽度与深度不得大于 0.5 mm，并保证剩余无伤隔爆面有效长度不小于规定长度的 2/3，否则为失爆。

（7）隔爆面上对局部出现的直径不大于 1 mm，深度不大于 2 mm 的砂眼，在 40 mm、25 mm、15 mm 宽的隔爆面上，每 1 cm² 不得超过 5 个，10 mm 宽的隔爆面上不得超过 2 个，否则为失爆。

隔爆结合面的间隙大、有锈蚀、不严密示例图如图 1-8 所示。

(a)

(b)   (c)

图 1-8 隔爆结合面的间隙大、有锈蚀、不严密示例图

3. 密封圈检查

（1）密封圈须采用邵氏硬度 45~50 度的橡胶制造，否则为失爆。

（2）密封圈尺寸需符合以下规定，如有一项达不到均属失爆。

①进线装置内径与密封圈外径的差应符合表 1-2。

表 1-2　差　值

D/mm	$(D_0 - D)$/mm	备　注
≤20	≤1	D_0 为进线装置内径； D 为密封圈外径
20 < D ≤60	≤1.5	
>60	≤2	

②密封圈内径与电缆外径差应小于 1 mm，电缆与密封圈之间不得包扎其他物体，否则失爆。密封圈必须完好无损，不得割开使用。

③密封圈的宽度不小于电缆外径的 0.7 倍，且不小于 10 mm。

④密封圈的厚度不小于电缆外径的 0.3 倍（70 mm^2 电缆除外），但必须大于 4 mm。

密封圈不合要求、挡板锈蚀示例图如图 1-9 所示。

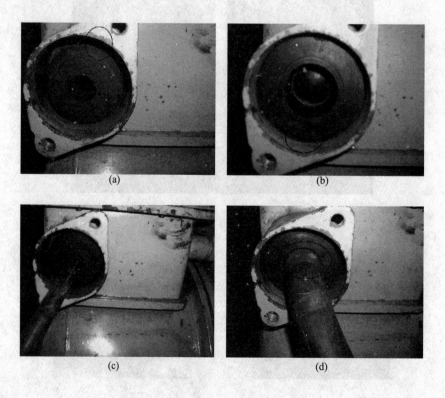

(a)　　　　　　　　(b)
(c)　　　　　　　　(d)

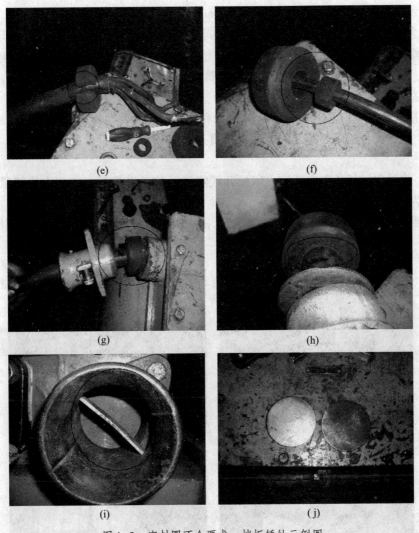

图1-9 密封圈不合要求、挡板锈蚀示例图

4. 接线

（1）电缆护套伸入器壁要符合5~15 mm的要求，小于5 mm为失爆。

（2）接线应整齐（不扭弯）紧固、导电良好、无毛刺，不符合为失爆。卡爪或平垫圈弹簧垫双帽齐全（使用线鼻子可不用平垫圈），不全为失爆。

（3）两相低压导线裸露部分的空气间隙，500 V以下不小于6 mm，500 V以上不小于10 mm，否则为失爆。

（4）不用的接线嘴要分别用密封圈和挡板依次装入压紧，否则为失爆。螺旋式接线嘴如上金属圈时应装在挡板外面，否则也属失爆。

（5）挡板直径与进线装置内径之差应不大于2 mm，厚度不小于2 mm，进线装置内径与金属圈外径之差应不大于2 mm，厚度应不小于公称尺寸1 mm，否则均为失爆。

（6）线嘴压紧要有余量，余量不小于 1 mm，否则为失爆。

（7）当线嘴已全部压紧，但仍不能将密封圈压紧时，只能用一个厚度适当不开口的金属圈来调整，不得充填其他杂物（包括再加密封圈等）。金属圈的内外径应于喇叭嘴伸入器壁一致，螺旋式接线嘴也只限安装一个金属圈，否则为失爆。

（8）接线柱接线座有裂缝也属失爆。

（9）接线室（盒）应保持干净，无杂物和金属零件，否则为失爆。

（10）隔爆设备的隔爆腔之间严禁直接贯通，必须保持原设计的防爆性能，否则此设备失爆。

（11）接线室接线长度应适宜，以松开线嘴卡兰拉动电缆后，三相火线拉紧或松脱时地线不掉为宜，否则为失爆。

喇叭嘴缺零件、接线室电缆长度不合要求、空嘴无挡板、有杂物零件示例图如图 1-10 所示。

(g)　　　　　　　　　　　　(h)

图1-10　喇叭嘴缺零件、接线室电缆长度不合要求、空嘴无挡板、有杂物零件示例图

模块二 继电保护装置的整定与维护

安全供电是保证矿井安全生产的关键之一。由于井下环境恶劣，容易发生各种电气事故，因此需要采取必要的安全措施，设置可靠的保护装置，才能提高矿井生产的安全水平。煤矿井下最重要的电气保护是过流保护、漏电保护和保护接地，即井下三大保护。

三大保护是煤矿井下安全供电的主要技术措施，要求它们的动作一定要迅速、准确、可靠，并要求它们之间能具有一定的后备保护作用。

学习任务一　井下保护接地装置的整定与维护

【学习目标】

(1) 掌握保护接地及其基本原理。

(2) 了解井下保护接地系统的组成及要求。

(3) 会检查保护接地系统。

(4) 能正确测定接地电阻。

【建议课时】

4课时。

【工作情景描述】

煤矿井下电气设备在发生漏电故障时，电气设备的外壳就会带电，当人体触及时，就会造成触电危险。另外，若漏电电流达到一定值，将有可能造成瓦斯、煤尘的爆炸或者引起电雷管超前引爆的危险，因此采区供电系统必须采取措施防止触电事故的发生。

学习活动1　明确工作任务

【学习目标】

(1) 掌握保护接地及其基本原理。

(2) 了解井下保护接地系统的组成及要求。

(3) 会检查保护接地系统。

(4) 能正确测定接地电阻。

【建议课时】

2课时。

一、工作任务

井下保护接地是井下供电保护之一，它可降低人体触电的危害。加强对保护接地系统的检查和维护是井下接地系统正常工作的重要保证，测定保护接地装置的接地电阻是其中一项重要内容。要检查和维护保护接地装置，就要学习保护接地、保护接地系统、保护接地系统的组成及对各组成部分的要求等知识。

二、相关的理论知识

1. 保护接地及其作用

为了减少人身触电电流和非接地电气设备相对地电流的火花能量，防止电气事故的发生，《煤矿安全规程》规定："36 V 以上和由于绝缘损坏可能带有危险电压的电气设备的金属外壳、构架，铠装电缆的钢带或钢丝、铅皮或屏蔽护套等必须有保护接地。"

1）保护接地

所谓电气设备的保护接地，就是将电气设备的正常不带电的金属外壳或者其他构件与埋在地下的保护接地极进行良好的电连接。

如图 2-1 所示为井下防爆电气设备的保护接地。电气设备的保护接地通常由三部分组成。

（1）接地线：用于将电气设备的金属外壳与接地极连接起来。

（2）接地螺栓：用于将接地线牢固地固定于电气设备的金属外壳上。

（3）接地极或接地母线：用于减小保护接地的接地电阻，保证电气设备的金属外壳与大地之间的良好电连接。

图 2-1　井下防爆电气设备的保护接地

2）保护接地的作用

（1）没有保护接地时人体的触电情况分析：如图 2-2a 所示，在没有采取保护接地时，漏电电流 I_h 全部通过人体。虽然煤矿井下供电系统采用变压器中性点不接地运行方式，漏电电流比较小；但是，当电网的供电线路较长时，漏电电流就可能超过安全电流值（30 mA），触电人员的安全受到威胁。

（2）有保护接地时人体的触电情况分析：如图 2-2b 所示，在采取了保护接地后，人体和接地电阻之间是并联关系，由于接地电阻 R 相对于人体电阻 R_h 很小，绝大部分漏电电流通过接地极，而通过人体的电流很小（<30 mA），这样就能保证触电人员的安全。再则，接地电流的增大，能够使检漏继电器可靠地动作，切断电源，再配合其他保护系统，保证了采区的安全生产。

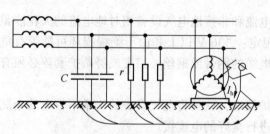

(a) 没有保护接地时人体触电情况分析

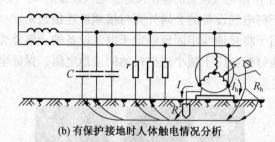

(b) 有保护接地时人体触电情况分析

图 2-2　保护接地作用示意图

另外，有了保护接地极的良好接地，大大减小了因设备漏电时使其外壳与地接触不良产生的电火花，从而减少了引起瓦斯、煤尘爆炸的可能性。

2. 井下保护接地网的作用与构成

1）井下保护接地网的作用

保护接地对保证人身触电安全是非常重要的。由于接地电阻的数值被控制在《煤矿安全规程》规定的范围内，因此通过保护接地装置的有效分流作用就可以把流经人身的触电电流降低到安全值以内，确保人身的安全。此外，由于装设了保护接地装置，带电导体碰设备外壳处的漏电电流经保护接地装置流入大地，即使设备外壳与大地接触不良而产生电火花，但由于保护接地装置的分流作用可以使电火花能量大大减小，从而避免了引爆瓦斯、煤尘的危险。

2）井下保护接地网的构成

井下电气设备比较分散，而且供电距离又较远，很难用一个集中的保护接地装置来满足保护接地的需要。因此，除井下中央变电所设置主接地极外，沿着供电线路还埋设了许多局部接地极。利用铠装电缆的铅皮、钢带、电缆的接地芯线，把分布在井底车场、运输大巷、采区变电所以及工作面配电点的电气设备（36 V 以上）的金属外壳在电气上连接起来，这样就使各处埋设的接地极（局部接地极）也并联起来，形成一个井下保护接地系统，如图 2-3 所示。

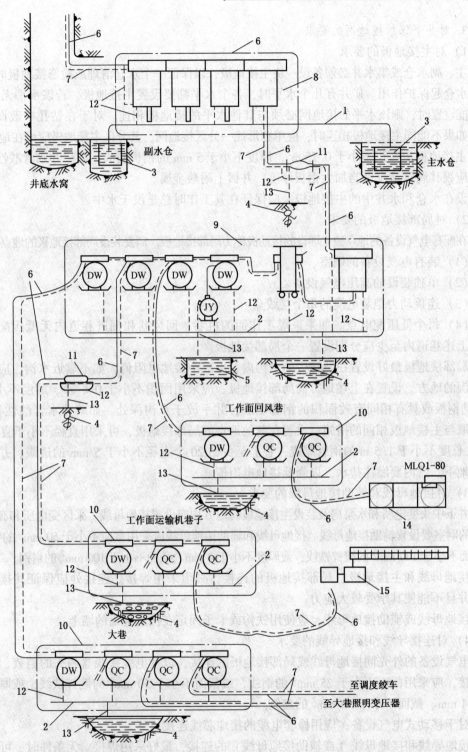

1—接地母线；2—辅助接地母线；3—主接地极；4—局部接地极；5—漏电保护辅助接地极；6—电缆；
7—电缆接地线或者接地层；8—中央变电所；9—采区变电所；10—配电点；11—电缆接线盒；
12—连接导线；13—接地导线；14—采煤机组；15—运输机

图 2-3 井下保护接地系统示意图

3. 对井下保护接地网的要求

1）对主接地极的要求

主、副水仓或集水井必须各设一块主接地极，以保证一个水仓清理或检修接地极时，另一个水仓起保护作用。矿井有几个水平时，各个水平都要设置主接地极。若该水平无水仓，也不能设置时，则该水平的接地网必须与其他水平的接地极相连。对于在钻孔中敷设的电缆，如果不能同主接地极相连时，应单独形成一分区接地网，其分区主接地极应设在地面。

主接地极由面积不小于 0.75 m²，厚度不小于 5 mm 的钢板制成。如矿井水含酸性物质时，应视其腐蚀情况适当加大钢板厚度，并镀上耐酸金属。

设在水仓和水井中的主接地极，应保证在其工作时总是没于水中。

2）对局部接地极的要求

在配有电气设备的地点独立埋设的接地极称为局部接地极。需要装设局部接地极的地点有：

（1）装有电气设备的硐室。

（2）单独装设的高压电气设备。

（3）连接动力铠装电缆的每个接线盒。

（4）每个低压配电点。如果采煤工作面的机巷、回风巷和掘进巷道内无低压配电点时，上述巷道内至少应分别设置一个局部接地极。

局部接地极最好设置在巷道旁的水沟内，以减小接地电阻值，如不靠近水沟，应埋设在潮湿的地方。设置在上述地方的局部接地极，应采用面积不小于 0.6 m²、厚度不小于 3 mm 的钢板或具有相同有效面积的钢管制成，并平放于水沟深处。如矿井水含酸性物质，应采取与主接地极相同的措施；设置在其他地点的局部接地极，可采用直径不小于直径 35 mm、长度不小于 1.5 m 的钢管制成，管上至少钻 20 个直径不小于 5 mm 的透眼，并垂直埋入地下。管内要灌注盐水，以降低接地电阻值。

3）对接地母线和辅助接地母线的要求

井下中央变电所和水泵房及装设主接地极的地方均应设置接地母线，采区变电所和有电气设备的硐室要设置辅助接地母线。接地母线和辅助接地母线应采用截面不小于 50 mm² 的铜线，或截面不小于 100 mm² 的镀锌铁线，或厚度不小于 4 mm、截面不小于 100 mm² 的扁钢。

接地母线和主接地极、局部接地极的连接，必须采用焊接。连接处应保证其接触良好，并且不能使其承受较大应力。

接地母线或辅助接地母线，应使用铁钩或卡子固定在接近地面的墙上。

4）对连接导线和接地导线的要求

电气设备的外壳同接地母线或局部接地极的连接，以及电缆接线盒两头的铠装、铅片的连接，应采用截面不小于 25 mm² 的铜线，或截面不小于 50 mm² 的镀锌铁线，或厚度不小于 4 mm、截面不小于 50 mm² 的扁钢。

对于移动式电气设备，应用橡套电缆的接地芯线连接。

接地导线和接地母线（或辅助接地母线）的连接，最好采用焊接。无条件时，可用直径不小于 10 mm 的镀锌螺栓加防松装置（弹簧垫或双螺母）紧固，连接处还应镀锡或镀锌，以减小接触电阻。

连接导线、接地导线与接地母线（或辅助接地母线）之间的连接，要有足够的机械强度，并满足有关接地电阻的要求。因此，一般采用镀锌螺栓加防松装置紧固的方法或采用裸铜线绑扎法。

井下保护接地系统中，禁止采用铝导体做接地极、接地母线、辅助接地母线、连接导线和接地导线。禁止使用无接地芯线（或无其他可供接地用的铅皮、铝皮等护套）的橡套电缆或塑料电缆。

5）井下接地网的接地电阻

所有主接地极、局部接地极的对地电阻和总接地网接地线电阻的总和，称为接地网的接地电阻。

为了确保井下接地系统的可靠性，橡套电缆的接地芯线除了作监测接地回路外，不得兼作其他用途。对于接地系统的总接地电阻，一般不进行计算，但必须定期测定，要求接地网上任一保护接地点测得的接地电阻值不得超过 $2\ \Omega$。每一台移动式和手持式电气设备同接地网之间的保护接地用的电缆芯线电阻值，都不得超过 $1\ \Omega$。

学习活动2　工作前的准备

【学习目标】

掌握正确选用接地电阻测试仪测量保护接地装置的接地电阻值的方法，具有检查与维护井下保护接地装置的技能。

一、工具、仪表

榔头1把，平口钳或平锉1把（00号砂纸），活动扳手2把，工具包1个，ZC-18接地电阻测量仪一套（测量线3根，接地棒2根），合格绝缘手套1副。

二、设备

某矿井下接地网（或局部接地极）。

三、材料与资料

ZC-18接地电阻测量仪产品说明书，记录用的纸和笔。

ZC-18接地电阻测量仪及其他工具如图2-4所示。

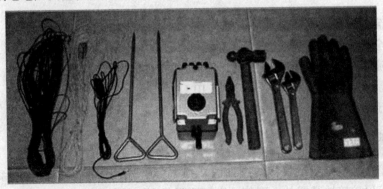

图2-4　ZC-18接地电阻测量仪及其他工具

学习活动3 现 场 施 工

【学习目标】

（1）了解保护接地装置的检查、测定方法。

（2）正确使用 ZC-18 接地电阻测量仪，学会正确测量接地电阻的方法。

【建议课时】

2 课时。

【任务实施】

一、保护接地装置的检查和测定

1. 保护接地的检查

（1）有值班人员的机电硐室和有专人操作的电气设备的保护接地，每班必须进行一次全面检查。其他设备的保护接地，由维修人员进行每周不少于一次的全面检查。发现问题，立即处理，并应及时记录，处理不了的应向有关领导汇报。

（2）电气设备在每次安装或移动后，应详细检查电气设备的保护接地装置的完善情况。对那些震动性大及经常移动的电气设备，应特别注意，随时加强检查。

（3）检查发现保护接地装置有损坏时，应立即修复。电气设备的保护接地装置未修复前禁止受电。

（4）每年至少对主接地极和局部接地极详细检查一次，如发现接触不良或严重锈蚀等缺陷，应立即处理或更换，并应测其接地电阻值。主、副水仓的主接地极不得同时提出检查，必须保证一个工作。矿井水含酸性较大时，应适当增加检查次数。

2. 接地电阻的测定

（1）井下总接地网的接地电阻的测定，要有专人负责，每季至少一次；新安装的保护接地装置，投入运行前要测其接地电阻值，并将测定数据记入接地电阻的测试记录中。

（2）在有瓦斯及煤尘爆炸危险的矿井内进行接地电阻测定时，应采用本质安全性接地摇表，如采用普通型仪器时，只准在瓦斯浓度 1% 以下的地点使用，并采取一定的安全措施。

二、接地电阻测试要求

（1）交流工作接地，接地电阻不应大于 4 Ω。

（2）安全工作接地，接地电阻不应大于 4 Ω。

（3）直流工作接地，接地电阻应按计算机系统具体要求确定。

（4）防雷保护地的接地电阻不应大于 10 Ω。

（5）对于屏蔽系统如果采用联合接地时，接地电阻不应大于 1 Ω。

三、接地电阻测试仪

ZC-18 型接地电阻测试仪接线图如图 2-5 所示，适用于测量各种电力系统、电气设备、避雷针等保护接地装置的电阻值，也可测量低电阻导体的电阻值和土壤电阻率。

本仪表工作由手摇发电机、电流互感器、滑线电阻及检流计等组成，全部机构装在塑料壳内，外有皮壳便于携带。附件有辅助探棒导线等，装于附件袋内。其工作原理采用基准电压比较式。

使用前检查测试仪是否完整，测试仪包括如下器件：

（1）ZC-18 型接地电阻测试仪 1 台。

（2）辅助接地棒 2 根。

（3）导线 5 m、20 m、40 m 各 1 根。

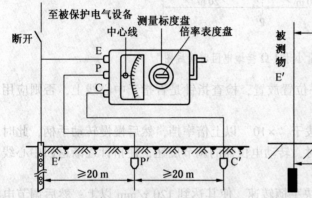

图 2-5 ZC-18 型接地电阻测试仪接线图   图 2-6 测量不小于 1 Ω 接地电阻时接线图

四、使用与操作

1. 测量接地电阻值时接线方式的规定

仪表上的 E 端钮接 5 m 导线，P 端钮接 20 m 导线，C 端钮接 40 m 导线，导线的另一端分别接被测物接地极 E′，电位探棒 P′ 和电流探棒 C′，且 E′、P′、C′ 应保持直线，其间距为 20 m。

（1）测量不小于 1 Ω 接地电阻时接线图如图 2-6 所示。将仪表上 2 个 E 端钮连接在一起。

（2）测量小于 1 Ω 接地电阻时接线图如图 2-7 所示。将仪表上 2 个 E 端钮导线分别连接到被测接地体上，以消除测量时连接导线电阻对测量结果引入的附加误差。

2. 操作步骤

1）工具器材准备

准备好所需要的工具器材，检查作业地点瓦斯含量及安全状况，检查接地网（或局部接地极）的完好性，检查接地电阻测量仪的性能等。

2）接地电阻测量仪的接线

首先检查被测接地网（或局部接地极），断开接地极与被保护电气设备之间的接地母线；其次按要求布置电位探测针 P′ 和电流探测针 C′（图 2-5）；最后用专用导线将接地极 E′ 和探测针 P′、C′ 分别接于仪表相应端子上，即 E 接 E′、P 接 P′、C 接 C′。

3）接地电阻的测量

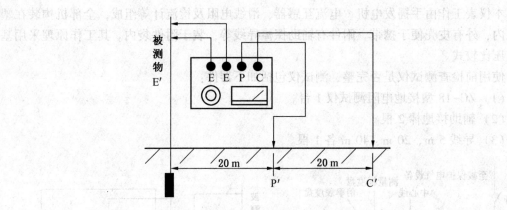

图 2-7 测量小于 1 Ω 接地电阻时接线图

将 ZC-18 型接地电阻测量仪水平位置放置，检查指针是否指于中心线上，否则应用零位调节器进行调整。

测量开始时，先将倍率转换开关拨于"×10"以上倍率挡，然后慢慢转动手柄，此时指针离开中心线向一侧偏转。与此同时，转动电位器的调节旋钮，使指针逐渐返回中心线位置。

当指针逐渐接近中心线时，要加快手柄转速，使其达到 120 r/min 以上；然后调节电位器旋钮，直到指针完全指在中心线上。

4）接地电阻的读数

当接地电阻测量仪指针稳定地指在中心线上时，读出指针所指刻度盘上的数字，将这一数字乘以倍率即为所测得的接地电阻值。

例如，指针所指刻度盘上的数字为 1.00，此时转换开关拨于"×10"倍率挡，则所测得的接地电阻值为 $10 \times 1.00 = 10$ Ω。

5）清理现场

测量完毕，收拾工具、器材及仪表，整理工作场所，并请指导教师验收。

五、操作注意事项

（1）测量时电流接地探针 C′ 与电位接地探针 P′ 要远离铠装电缆、电动机车轨道等长大金属物，以避免测量误差。

（2）当测量单个接地极电阻时，应先将其接地导线与接地网断开。

六、接地电阻测量结果的分析处理

1. 测量结果分析

《煤矿安全规程》规定，在煤矿井下保护接地网任一接地点测得的接地电阻值，都不得超过 4 Ω；任一移动电气设备的接地芯线与保护接地网连接线的电阻值，都不得超过 2 Ω。接地电阻测量以后，如果测量结果符合上述要求时，保护接地装置的接地电阻是合格的；如果测量结果不符合上述要求时，保护接地装置的接地电阻是不合格的，就需要对保护接地装置进行处理，使之符合要求。

2. 对保护接地装置接地电阻不合格时的处理方法

（1）增大接地极的面积。

（2）重新对接地极进行安装，铺设沙子、木炭等导电性能良好的材料或者灌注盐水等，使接地极与大地良好地接触，就能减小接地极的接地电阻。

（3）如果仍然不能满足要求，就需要重新安装一个新的接地极，直到接地电阻满足要求为止。

学习任务二　井下漏电保护装置的整定与维护

【学习目标】

（1）了解煤矿采区常用漏电保护装置的结构、工作原理。

（2）能正确使用、维护漏电保护装置，掌握漏电故障的排除方法。

【建议课时】

4 课时。

【工作情景描述】

电气设备及其供电线路的绝缘如果收到损伤，便可能发生漏电。其结果不仅会引起人身触电，而且还会使绝缘情况进一步恶化，以致发展为相间短路。漏电故障如果不能及时排除，将严重地危及矿井安全。因此，煤矿井下的电气设备必须装设漏电保护装置。

学习活动1　明确工作任务

【学习目标】

（1）了解煤矿采区常用漏电保护装置的结构、工作原理。

（2）能正确使用、维护漏电保护装置，掌握漏电故障的排除方法。

【建议课时】

2 课时。

一、工作任务

煤矿井下的电气设备及其供电线路发生漏电故障时，其典型的特征是供电线路对地点流超过正常值，产生一定零序电流、零序电压。利用这些参数的变化，在发生漏电故障时，迅速检测得到漏电故障，及时、迅速、可靠地切断漏电线路，就能避免漏电故障造成的危害。

二、相关的理论知识

1. 漏电故障

1）漏电的原因

（1）电缆、电气设备自身的原因。其主要现象有：①电缆在井下长期运行中，绝缘老化、受潮，导致绝缘性能下降；②电动机工作时，绕组绝缘受热膨胀，停机后的绕组绝缘冷却收缩，长期使用的结果是绝缘材料出现缝隙，潮起容易侵入，导致对地绝缘电阻降低。

（2）操作、维修不当。其主要现象有：①采掘机械迁移时，对电缆防护不周，导致电缆受到挤、压等外力，影响其绝缘性能；②对检修后的电气设备送电时，由于内部残留有多余的零部件或遗留金属工具，导致带电部分和外壳之间的电气距离过小或二者直接接触；③过载保护的动作值整定不适，导致过载长期存在而使绝缘受损。

（3）施工、安装不当。其主要现象有：①电缆与设备连接时，相线与地线接反；②电缆冷补或热补时，操作工艺有误或使用的材质不佳，影响绝缘性能；③将电气设备安设在有淋水或其他易使设备受潮的地方。

（4）管理不当。其主要现象有：①购入并使用质量低劣的设备、电缆，其绝缘性能往往不能满足要求；②电缆长期浸泡在水中或埋压，没有及时处理。

2）漏电的危害

煤矿井下低压电网虽然采用中性点不接地系统，电缆也采用了矿用屏蔽阻燃橡套电缆以及采取了保护接地等多重技术措施，但并不能从根本上杜绝漏电事故的发生。井下发生漏电事故的危害有以下几点：

（1）当人体触及某相带电导体或漏电设备外壳，流经人体的电流超过 30 mA 时，就有触电伤亡的危险。

（2）当漏电电流的电火花能量达到点燃瓦斯、煤尘的最小能量时，可能引起瓦斯、煤尘爆炸。

（3）长期漏电，会使绝缘发热、老化，甚至烧毁电气设备，引发相间短路和电气火灾事故。

（4）如果漏电发生在爆破作业地点附近，还可能造成电雷管先期引爆。

由此可见，漏电故障的危害是十分严重的。为了避免漏电给人身和设备带来危害，必须采取有效的预防措施。

3）漏电的预防

预防井下漏电事故的措施有：

（1）合理选择和使用电气设备。

（2）加强对电气设备和电网线路的运行监视、日常维护。

（3）井下变压器及向井下供电的变压器或发电机中性点禁止接地。

（4）井下开关控制设备要装设过流保护装置。

（5）井下电网要装设漏电保护装置。

（6）井下供电系统要有保护接地装置。

2. 漏电保护

随着煤矿井下用电设备数量的增多和电压的升级，供电与用电的安全问题日益突出。其中，漏电故障具有危害大、发生率高、突发性强、分布范围广、不易察觉等特点，成为影响电力系统安全运行的重要因素。漏电保护设施可以监测电力系统的运行状况，一旦漏电发生，保护设施可以有效控制故障的发展和事态恶化。

1）预防电气设备漏电故障的措施

（1）严禁电气设备及电缆长期过负荷运行。

（2）导线连接要牢固、无毛刺，防松装置要完好，连接方式要正确。

（3）维修电气设备时要按规程操作，检修结束要认真检查，严禁将工具和材料等导体遗留在电气设备中。

（4）避免电缆、电气设备浸泡在水中，防止电缆受挤压、碰撞、过度弯曲、划伤、刺伤等机械损伤。

（5）不在电气设备中增加额外部件，若必须设置时，要符合有关规定的要求。

（6）设置保护接地装置。

（7）设置漏电保护装置。

2）煤矿常用漏电保护装置的作用

（1）通过检漏继电器上的欧姆表能时刻监视电网对地的绝缘情况，以便进行预防性检修。

（2）当电网对地的绝缘电阻下降到危险数值，或者人体触及带电导体，或者电网漏电时，检漏继电器可靠地动作，自动地切断供电电源，防止事故的扩大。

（3）检漏继电器中能够提供电感性电流，可以补偿人体触及带电体时通过人体的电感性电流，从而使触电电流下降到安全电流以下，降低了人体触电的危险性；当电网一相接地时，也减小了电网接地故障电流，可以防止点燃瓦斯、煤尘，引起爆炸。

3）漏电保护方式

漏电保护技术虽然发展较快，但从漏电保护的基本原理上看，常见的漏电保护方式主要有附加直流电源保护方式和选择性漏电保护方式两种：

（1）附加电流电源保护方式。附加直流电源保护原理图如图2-8所示。其中，E为附加直流电源，K为直流灵敏继电器，其常开触点 K_1 串联在自动馈电开关DW的脱扣线圈TQ回路中。

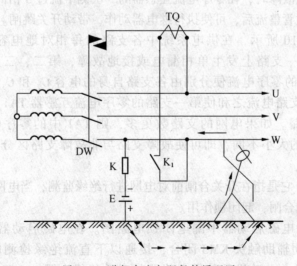

图2-8　附加直流电源保护原理图

当未发生人体触电或者电网没有漏电时，流过直流灵敏继电器的电流仅为直流电源施加于电网绝缘电阻上的电流。由于在电网正常工作时的绝缘电阻很大，这一电流很小，不足以使直流继电器动作，电网能够正常运行。

如果人体触及电网或者电网发生漏电故障，漏电电流的通路如图2-8所示。由于这时的回路电阻很小、电流较大，将使直流灵敏继电器动作，常开触点闭合，接通自动馈电开关的脱扣线圈动作，使自动馈电开关跳闸，从而切断故障回路，起到漏电保护的作用。

（2）选择性漏电保护方式。该保护大多利用零序电流保护原理（图2-9），采用的主要检查元件是零序电流互感器TA。零序电流互感器有一个环形铁芯，其上缠有二次绕组，环形铁芯套在电缆上，穿过铁芯电缆中的3根芯线就是它的一次绕组。

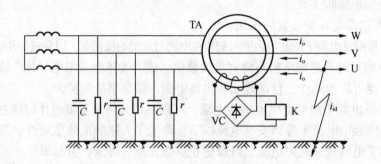

图2-9　零序电流保护原理图

在线路正常工作时，电网的三相电压对称，三相负载相同，三相电流的矢量和等于零，电流互感器二次绕组没有电流和电压，执行继电器不动作。当发生漏电故障时，三相电路不对称，必然有零序电流，这个零序电流通过电网对地绝缘电阻 r 和分布电容构成通路。当发生单相漏电故障时，在零序电流互感器的一次侧中流过3倍的零序电流，在二次侧产生电流，经二极管整流后，可使执行继电器动作，带动开关跳闸。

同理，如图2-10所示，在供电系统中各支路的每相对地电容分别用 C_1、C_2 和 C_3 表示，如果在第一支路上发生单相漏电或接地故障，第二、三支路的零序电流互感器TA2和TA3中的零序电流便分别由各支路自身的电容 C_2 和 C_3 来决定，而在TA1中则流过第二、三支路电流之和使第一支路的零序电流互感器TA1所流过的零序电流要大于其他两个支路。如果电网的支路数更多，则TA1中的零序电流还要更大。因此，利用零序电流的大小不同，即可使故障支路与非故障支路区分开，达到选择性漏电保护目的。

（3）漏电闭锁。它是指在开关合闸前对电网进行绝缘监测，当电网对地绝缘阻值低于闭锁值时，开关不能合闸，起闭锁作用。

图2-11所示为电磁启动器中漏电闭锁电路图。在电磁启动器尚未吸合送电时，主接触器KM的常闭辅助触头KM3闭合，接通以下直流绝缘检测电路：附加直流电源E的"＋"端→地→电动机及其供电线路的对地绝缘电阻 r →三相线路→人工星形三相硅堆VZ→常闭辅助触头KM3→取样电位器RP→直流电源E的"－"端，从而对 r 进行检测。

若此时电动机及其供电线路的绝缘水平较低，小于规定的漏电闭锁动作电阻值或已存

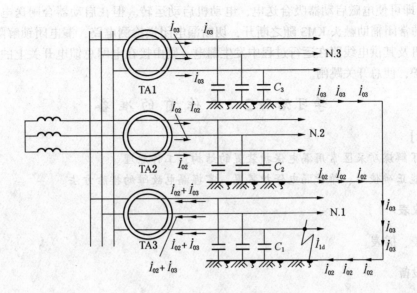

图 2-10　选择性漏电保护原理图

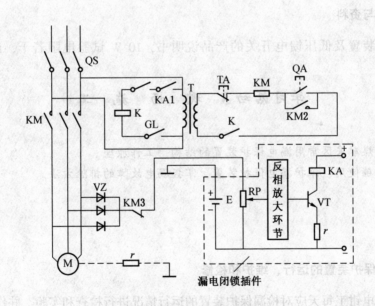

图 2-11　电磁启动器中漏电闭锁电路图

在漏电，检测电路中将流过较大的直流电流，从取样电位器 RP 上取得一个较大的信号电压，使后面的反相放大器输出零伏电压，导致三极管 VT 截止，漏电闭锁继电器 KA 断电，因而后者的常开触点不能闭合，接触器 KM 的线圈控制电路不能接通，磁力启动器不能合闸送电，这就实现漏电闭锁。反之，如果此时电动机及其供电线路的绝缘良好，电阻 r 大于规定的漏电闭锁动作电阻值，则在检测回路中流过很小的直流电流，从取样电位器 RP 上取得的信号电压也很低，因而反相放大器输出较高电压，促使 VT 导通、KA 继电器有电，闭合 KA 继电器的常开触点为接通接触器 K 的线圈电路做好准备。这时只要按压启动按钮 QA，即可使电磁启动器吸合送电，电动机启动运转。但在启动器合闸送电后，主接触器 KM 的常闭辅助触头 KM3 随之断开，切断漏电闭锁检测电路，漏电闭锁解除。此后，如果电动机及其供电线路在运行过程中发生漏电，则由接在电网总馈电开关上的检漏继电器进行保护，使总开关跳闸。

学习活动2 工作前的准备

【学习目标】

（1）了解煤矿采区常用漏电保护装置的结构、工作原理。

（2）能正确使用、维护漏电保护装置，掌握漏电故障的排除方法。

一、仪表

万用表、摇表。

二、设备

漏电保护装置、低压馈电开关、防爆按钮。

三、材料与资料

漏电保护装置及低压馈电开关的产品说明书，10 W 试验电阻若干，记录用的纸、笔等。

学习活动3 现 场 施 工

【学习目标】

（1）了解煤矿采区常用漏电保护装置的结构、工作原理。

（2）能正确使用、维护漏电保护装置，掌握漏电故障的排除方法。

【建议课时】

2 课时。

【任务实施】

一、检漏保护装置的运行、维护和检修

（1）值班电钳工每天应对检漏保护装置的运行情况进行检查和实验，并作记录。检查试验内容有：观察欧姆表指示数值是否正常；安装位置是否平稳可靠，周围是否清洁，无淋水；局部接地极和辅助接地极安设是否良好；外观检查防爆性能是否合格；用试验按钮对保护装置进行跳闸试验。

（2）电气维修工每月至少进行 1 次详细检查和修理，除了第（1）条中规定的内容外，还应检查：各处导线、元件是否良好；闭锁装置及继电器动作是否可靠；接头和触头是否良好；补偿是否达到最佳效果；防爆性能是否符合规定。

（3）在瓦检员配合下，对运行中的检漏保护装置每月至少进行一次远方人工漏电跳闸试验。

（4）检漏保护装置每年升井进行一次全面检修，检修后必须在地面进行详细的检查、试验，符合要求后方可下井使用。

（5）检漏保护装置的维护、检修及调试工作，应记入专门的运行记录簿内。

二、煤矿井下漏电保护装置的检查、试验规定

（1）专职维护工每天应对检漏保护装置的运行情况进行检查试验，并作记录。检查内容如下：

①观察欧姆表的指示数是否正常。当电网绝缘 1140 V 低于 50 kΩ、660 V 低于 30 kΩ、127 V 低于 10 kΩ 时，应及时采取措施，设法提高电网绝缘电阻值，尽量避免自动跳闸。

②安装位置必须平稳可靠，周围应保证清洁，无淋水。

③局部接地极和辅助接地极的安设应良好。

④外观检查检漏保护装置的防爆性能必须合格。

⑤有试验按钮对检漏保护装置进行跳闸试验。照明信号综合保护装置每天试验一次。对具体有选择性功能的检漏保护装置，各支路应每天做一次跳闸试验，总检漏保护装置每周做一次跳闸试验。

（2）检漏保护装置的专责维修工每月至少对检漏保护装置进行一次详细检查，检查项目如下：

①各处导线是否完好，有无破损及受潮。

②闭锁装置及继电器动作是否可靠。

③各处接头、触点是否良好，有无松动脱落和烧坏现象。

④内部元件、插件板、熔断器及指示灯有无松动、损坏。

⑤补偿电感是否达到最佳补偿效果。

⑥检漏保护装置的隔爆性能是否符合规定。

（3）在瓦斯检查员的配合下，对新安装的检漏保护装置在首次投入运行前做一次远方人工漏电跳闸试验。运行中的检漏保护装置，每月至少做一次远方人工漏电跳闸试验，并留有记录。

三、漏电保护装置的操作步骤

（1）工具器材准备：准备好所需要的工具器材，检查作业地点瓦斯含量，检查低压馈电开关和保护接地装置的完好性，检查作业环境的安全状况。

（2）漏电保护装置的认识：注意观察漏电保护装置，明确其类别及漏电保护方式，找出漏电保护装置的检测回路以及回路中的各个电气元件。

（3）漏电保护装置的维护与检修：明确漏电保护装置维护与检修的内容与方法步骤，在指导教师指导下，能够独立完成漏电保护装置的维护与检修工作。

（4）漏电保护装置的跳闸试验：能够利用试验按钮对漏电保护装置进行跳闸试验，要求目的明确，操作规范。

（5）远方人工漏电跳闸试验：在最远端控制开关的负荷侧按电网不同电压等级接入适

当的试验电阻，关上门盖后送电，观察馈电开关是否跳闸。如跳闸，说明漏电保护装置动作可靠，否则要进行检修。

（6）检查器材仪器，整理工作场所，并请指导教师验收。

注意：

（1）漏电保护装置有直接安装在开关中的具有漏电跳闸、漏电闭锁和选择性漏电保护功能的电子插件、微处理器综合控制保护器和漏电继电器，也有需要与馈电开关配合使用的、具有独立隔爆外壳的检漏继电器。

（2）井下供电系统常用的漏电保护方式有非选择性漏电保护、选择性漏电保护和漏电闭锁3种。

（3）对漏电保护装置进行维护与检修操作时，要思路清晰，不可漏项、错项。

（4）利用试验按钮对漏电保护装置进行跳闸试验时，要操作规范，目标明确。操作时要注意安全。

（5）远方人工漏电跳闸试验时接入的试验电阻要符合要求，1140 V 接 20 kΩ、660 V 接 11 kΩ、380 V 接 3.5 kΩ、127 V 接 2 kΩ。

（6）运行中的漏电保护装置每月至少进行 1 次远方人工漏电跳闸试验，试验时要实时检测环境瓦斯浓度。试验完毕，要及时拆除试验电阻。

学习任务三　井下过流保护装置的整定与维护

【学习目标】

（1）了解煤矿采区常用过流保护装置的结构、工作原理。

（2）能正确使用、维护过流保护装置，掌握对电气开关过流整定的方法。

【建议课时】

8 课时。

【工作情景描述】

由于煤矿井下作业环境恶劣，井下的电气设备及其供电线路极易发生过流故障。电气设备在过电流状态下运行，将导致电气设备与电缆的迅速损坏，甚至引发严重的安全事故。因此，煤矿井下的电气设备必须装设过流保护装置。

学习活动1　明确工作任务

【学习目标】

（1）了解煤矿采区常用过流保护装置的结构、工作原理。

（2）能正确使用、维护过流保护装置。

（3）能正确对采区供电系统的供电设备进行整定。

【建议课时】

4 课时。

一、工作任务

煤矿井下的电气设备及其供电线路发生过流故障时，其典型的特征是供电线路的电流超过正常值。利用这一特征，对于电气设备及其供电线路设置相应的过流保护，便能及时切断发生短路故障处的电源，防止事故的扩大，保证矿井的安全生产。

二、相关理论知识

（一）过流保护的作用和要求

如果通过电气设备或导线的电流，超过额定电流值或允许值，都叫做过电流。常见的过电流现象有短路、过负荷和断相等几种。常用的过电流保护主要有短路保护、过载保护和断相保护。

在保护过程中，过流保护装置应满足以下 4 方面的基本要求。

1. 选择性

当电网某部分发生过流故障时，要求保护装置只切除故障设备或线路的电源，尽量缩小停电的范围，保证无故障设备的正常运行。

2. 可靠性

即要求保护装置本身具有较高的可靠性，不出问题，随时处于可靠的准备动作状态。此外，还要求保护性能可靠，当本保护范围内发生过流故障时，过流保护一定可靠动作（不拒动）；当本保护范围外发生过流故障时，过流保护一定不动作（不误动）。

3. 迅速性

电气设备发生过流故障后，在故障电流还没有造成危害前，保护装置便应将过流故障部分的电源切断，切除发生过流故障的电路。

4. 灵敏性

保护装置对保护范围内发生故障和不正常工作状态的反应能力，称为过流保护装置的灵敏性。

对于不同的保护装置和不同的保护对象，灵敏性的要求是不同的。越是重要或危险的场备，要求灵敏性越高。

（二）低压熔断器

1. 熔断器的过流保护原理

熔断器的熔体通常用低熔点的铅、锡、锌合金制成，串接在被保护的电气设备的主回路中，当电气设备发生短路时，流过熔体的电流使熔体温度急剧升高并使它熔断，这样将故障路线与电源分开，达到保护的目的。严禁使用熔点较高的铁丝、铜丝等代替熔体，防止失去保护作用而造成电气设备烧毁等事故。

熔断器的熔断时间与通过熔体电流的关系称为熔断器的保护特性（图 2-12），这是反时限

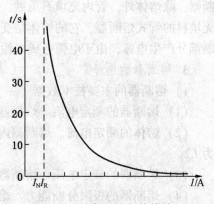

图 2-12　熔断器的保护特性

特性。

2. 熔断器的类型

低压熔断器的类型主要有管式熔断器、螺旋式断器和瓷插式熔断器 3 种。井下常用的熔断器主要是管式熔断器（图 2-13）和螺旋式熔断器（图 2-14）。管式熔断器用作井下电动机的短路保护，而螺旋式熔断器用作控制电路的短路保护。

(a) 外形图

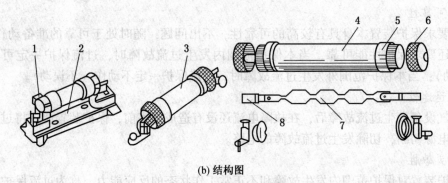

(b) 结构图

1—插座；2—底座；3—熔管；4—钢纸管；5—黄铜套管；6—黄铜帽；7—熔体；8—触刀

图 2-13　RM10 型管式熔断器

管式熔断器的型号为 RTO 或 RM10 型，其中 RTO 型（图 2-15）为有填料封闭管式熔断器，除熔体外，管内充填石英砂，用以分断和冷却电弧，使电弧迅速熄灭。RM10 型是无填料的管式熔断器，它的熔体是变截面的，在出现短路时，熔体狭窄部分先熔断，在熔断部分产生电弧，由于电弧分成多段，因此便于灭弧。

3. 熔断器的选择

1）熔断器的主要技术数据

（1）熔断器的额定电流。熔断器允许通过的最大工作电流为 I_N。

（2）熔体的额定电流。熔断器内所装设的熔体在不熔断情况下，允许通过的最大电流为 I_{NF}。

（3）熔断器的额定电压。熔断器正常工作下的最大耐压为 U_N。

（4）熔断器的极限分断能力。熔断器的能开断短路电流的最大值为 I_{RF}。

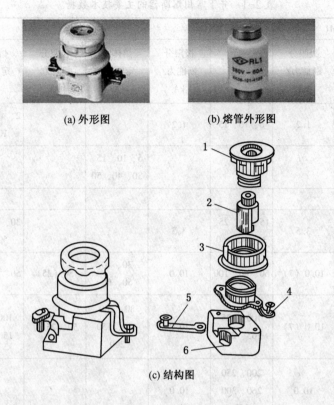

(a) 外形图　　　　(b) 熔管外形图

(c) 结构图

1—瓷帽；2—熔管；3—瓷套；4—上接线座；5—下接线座；6—瓷座

图 2-14　RL 型螺旋式熔断器

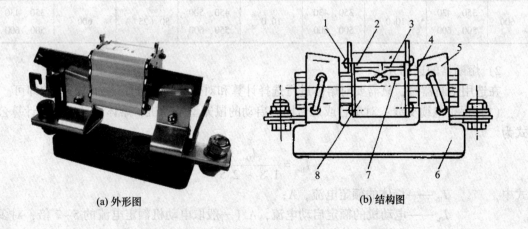

(a) 外形图　　　　　　　　　　(b) 结构图

1—熔断指示器；2—石英砂填料；3—指示器熔丝；4—夹头；

5—夹座；6—底座；7—熔体；8—熔管

图 2-15　RTO 型管式熔断器

井下常用熔断器的主要技术数据见表 2-1。

表2-1 井下常用熔断器的主要技术数据

型号	RM1		RM10		RT0		RL1	
熔断器额定电流/A	熔体额定电流A	极限分断能力/kA	熔体额定电流/A	极限分断能力/kA	熔体额定电流/A	极限分断能力/kA	熔体额定电流/A	极限分断能力/kA
15	6、10、15	1.2	6、10、15	1.2			2、4、5、6、10、15	2
50					5、10、15、30、40、50			
60	15、20						20、25	
60	25、30、45、60	3.5	15、20、25、35、45、60	3.5			30、35、40、50、60	5（3.5）
100	60、80、100	10.0（7）	60、80、100	10.0	30、40、50、60	50（25）	50、80、100	——（20）
200	100、125、160、200	10.0（7）	100、125、165、200	10.0	80、100、120、150、200	50（25＊）	100、125、150、200	（50＊）
350	200、225、260、300、350	10.0	200、250、260、300、350	10.0			200、225、260、300、350	
400					250、300、350、400	50（25＊）	400	
600	350、430、500、600	10.0	350、430、500、600	10.0	450、500、550、600	50（25＊）	350、430、500、600	

2）熔断器的选用方法

在选用熔断器时，只需要对熔体进行选择计算和对熔断器的分断能力进行校验即可。

（1）保护电缆支线：对单台或几台同时启动的鼠笼型电动机，熔体的额定电流计算公式为

$$I_{Re} = \frac{I_{Qe}}{1.8 \sim 2.5}$$

式中　　　I_{Re}——熔体的额定电流，A；

I_{Qe}——电动机的额定启动电流，A（一般取电动机额定电流的5~7倍；对多台同时启动的电动机，应为各台电动机额定启动电流之和）；

1.8~2.5——当电动机启动时，保证熔体不融化的系数（在不经常启动、负荷较轻、启动时间较短的条件下，系数取2.5；而在启动频繁、负荷较重、启动时间较长时，系数取1.8~2）。

对于供电距离远、功率较大的电动机（如工作面的采煤机、输送机等），由于电动机

启动时电缆上的电压损失较大，电动机实际启动电流要比额定启动电流小 20% ~ 30% 。因此，这时熔体额定电流的选择应按实际启动电流计算。

对于绕线型电动机，熔体额定电流按下式选择：

$$I_{Re} \geq I_e$$

式中　I_e——绕线型电动机的额定电流，A。

当被保护的电动机启动电流不大时，可尽量使熔体的额定电流接近或等于电动机的额定电流，以便对电动机的过载起保护作用。

（2）保护电缆干线：熔体额定电流计算公式为

$$I_{Re} \approx \frac{I_{Qe}}{1.8 \sim 2.5} + \sum I_e$$

式中　I_{Qe}——被保护干线中容量最大的一台鼠笼型电动机的额定启动电流，A（对于干线中有几台同时启动的电动机，若其总功率大于其他单台者，应取这几台电动机的额定启动电流之和）；

　　　　$\sum I_e$——其余电动机额定电流之和，A。

在实际工作中，由于电动机的启动电流常常小于额定值，故上式计算结果偏大。在选择熔体时，宜取接近或小于计算的数值，或者用电动机的实际启动电流进行计算。

（3）保护照明变压器和电钻变压器时熔体额定电流的计算。

照明变压器一次侧保护，其熔体额定电流可按下式计算：

$$I_{Re} \approx \frac{1.2 \sim 1.4}{k_r} I_e$$

式中　　　　I_e——照明负荷的额定电流，A；

　　　　　　k_r——变压器的变比（当电压为 380/133 V 时，$k_r = 2.86$；当电压为 660/133 V 时，$k_r = 4.96$）；

　　1.2~1.4——可靠系数。

照明变压器二次侧保护，其熔体额定电流按下式计算：

$$I_{Re} \geq \sum I_e$$

式中　$\sum I_e$——照明负荷的电流之和，A。

电钻变压器一次侧保护，其熔体额定电流按下式计算：

$$I_{Re} = \frac{1.2 \sim 1.4}{k_r} \left(\frac{I_{Qe}}{1.8 \sim 2.5} + \sum I_e \right)$$

式中　I_{Qe}——容量最大的电钻电动机额定启动电流，A；

　　　　$\sum I_e$——其余负荷的额定电流之和，A。

电钻变压器二次侧保护，其熔体额定电流按下式计算：

$$I_{Re} \approx \frac{I_{Qe}}{1.8 \sim 2.5} + \sum I_e$$

对于照明变压器和电钻变压器一次侧，熔体的额定电流最大值不能超过表 2-2 的规定。

表2-2　照明变压器和电钻变压器一次侧熔体的最大电流值

变压器	额定电压/V	380/133		660/133			1140/133	
	联结组别	Y, y	D, y	Y, y 或 D, d	Y, y 或 D, y	Y, y 或 D, d	Y, y 或 D, y	Y, y 或 D, d
	额定容量/kV·A	2.5	10	15	6	10	3	6
熔体最大电流/A		4	15	25	10	15	6	10

（注：右上角标注"熔体最大电流/A"）

按最小两相短路电流进行校验，所选熔体可按下式校验：

$$\frac{I_{d\,\min}^{(2)}}{I_{Re}} \geq 4 \sim 7$$

式中　　I_{Qe}——电动机接线端子上或保护线路最远点的最小两相短路电流，A；

R_c——所选熔体的额定电流，A；

4~7——保证熔体在短路故障出现时能及时熔断的系数。

熔体熔断灵敏度系数的取值见表2-3。

表2-3　熔体熔断灵敏度系数的选取表

电压/V	熔体的额定电流/A	灵敏度系数
380、660	20、25、35、45、60、80、100	≥7
	125	≥6.4
	160	≥5
	200	≥4
127	6~60	≥4
36	6~60	≥5

3）熔体与电缆截面的配合

为了不使电缆在通过短路电流时过热损坏，要求熔体的额定电流应与其所保护的电缆截面相配合。

熔体的额定电流应与其所保护的电缆截面相配合，其关系见表2-4。

表2-4　熔体额定电流与电缆最小截面配合表（额定电压660 V或380 V）

熔体的额定电流/A	允许两相短路电流最小值/A	允许的最小电缆线芯截面/mm²		允许的最大长时工作电流/A	
		橡套电缆	铜芯铠装电缆	橡套电缆	铜芯铠装电缆
20	140	2.5			
25	175	2.5			
35	245	4	2.5	36	30
60	420	6	4	46	40
80	560	10	6	64	52

表 2-4（续）

熔体的额定电流/A	允许两相短路电流最小值/A	允许的最小电缆线芯截面/mm²		允许的最大长时工作电流/A	
		橡套电缆	铜芯铠装电缆	橡套电缆	铜芯铠装电缆
100	700	16	10	85	70
125	800	25	16	113	95
160	800	35	25	138	±25
200	800	50（35）	35	173	155

4）熔断器分断能力的校验

熔断器分断能力校验的目的，在于保证熔断器能够将其保护范围内的最大三相短路电流切断，并使电弧可靠熄灭。

熔断器的分断能力，按下式进行校验：

$$I_{RF} \geqslant I_{d\,max}^{(3)}$$

式中　I_{Re}——熔断器的极限分断电流，A；

$I_{d\,max}^{(3)}$——熔断器保护范围内的最大三相短路电流，A。

（三）低压过电流继电器

1. 电磁式过电流继电器

电磁式过电流继电器主要装设在 DW 系列框架式空气断路器中，以及 DZ 系列空气断路器组成的矿用隔爆型馈电开关中。它是一种直接动作的一次式过流继电器，作为变压器二次侧总的或配出线路的短路保护装置。它的动作电流整定值，是靠改变弹簧的拉力进行均匀调节的，其调节范围一般是开关额定电流的 1~3 倍。当继电器的动作电流整定好后，只要流过继电器线圈的电流达到或超过整定值时，继电器就迅速动作。

（1）保护电缆支线的装置：其计算公式为

$$I_{dz} \geqslant I_{Qe}$$

式中　I_{dz}——电磁式过流继电器的整定动作电流，A；

I_{Qe}——电动机的额定启动电流，A。

（2）保护电缆干线的装置：其计算公式为

$$I_{dz} = I_{Qe} + \sum I_e$$

式中　I_{Qe}——容量最大的电动机额定启动电流，A；

$\sum I_e$——其余电动机的额定电流之和，A。

（3）灵敏度校验：其校验式为

$$K_t = \frac{I_{d\,min}^{(2)}}{I_{dz}} \geqslant 1.5$$

式中　$I_{d\,min}^{(2)}$——被保护范围末端的最小两相短路电流，A；

I_{dz}——过流继电器动作的实际电流整定值，A；

1.5——保证保护装置可靠动作的灵敏度系数。

2. 过电流继电器

过电流继电器作为过载保护装置，对其基本要求是要有反时限的保护特性。所谓反时限保护特性是指过载程度越重，允许过载时间越短；反之，允许过载时间越长。动作延时随过载程度的增加而减少。为了取得反时限保护特性，在井下常用的是以双金属片为主体构成的热继电器。一方面，因为双金属片有热惯性，从设备开始出现过载到双金属片因受热而产生显著变形，以致断开触点起保护作用，需要经过一点延时。另一方面，过载程度越大，双金属片的温度升高的越快，动作延时越短；反之，则动作延时越长。

JR4 系列过流继电器和 JR9 系列的电流继电器是井下采区电气设备常用的过电流继电器，其内部具有电磁元件和热元件两部分，电磁部分可用作短路保护，热元件相当于热继电器用作过载保护。

1）过流继电器结构原理

如图 2-16 所示为 JR4 过流继电器的结构原理图。当电动机过载时，由于主回路电流增大串联于电路中的热元件发热，使得双金属片受热而变形弯曲，进而推动动杆转动，下杆也转动，从而使可动触点断开，电动机保护电路断电。如果发生短路故障，主回路的电流激增，线圈的电流增大而铁芯的电磁力也增大到使衔铁立即吸合，同样也使可动触点断开，电动机保护电路断电。因此，JR4 系列的过流继电器具有过载和短路保护的功能。

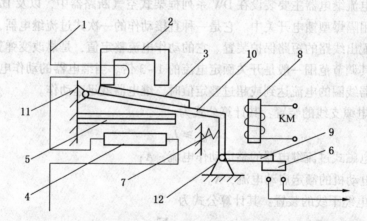

1—线圈；2—铁芯；3—衔铁；4—热元件；5—双金属片；6—可动触点；7—弹簧；
8—中间继电器的铁芯；9—固定杆下杆；10—动杆；11、12—轴

图 2-16 JR4 过流继电器的结构原理图

2）热继电器的整定计算

（1）保护单台电动机：其计算公式为

$$I_a \approx I_e$$

式中　I_a——热继电器的整定电流，A；

　　　I_e——电动机的额定电流，A。

（2）保护多台电动机：其计算公式为

$$I_a \approx \sum I_e$$

式中　$\sum I_e$——各电动机的额定电流之和，A。

在以上两个公式中，过电流继电器的整定值取了电动机的额定电流，而不取其额定启动电流。这是因为，过电流继电器的整定电流，实际上是热元件调节刻度所规定的电流值。在此电流长期作用下，热元件产生的热量不会使继电器动作；当实际电流大于其整定值时，热元件要经过一定的加热时间，才能使过电流继电器动作。这样就可避开启动时的尖峰工作电流，故可按电动机的额定电流整定。

学习活动 2　工作前的准备

【学习目标】

　　(1) 了解煤矿采区常用过流保护装置的结构、工作原理。

　　(2) 能正确使用、维护过流保护装置。

　　(3) 能正确对采区供电系统的供电设备进行整定。

一、工具

专用电工工具。

二、设备

采区供电系统的供电设备。

三、材料与资料

过流保护装置说明书，绝缘靴、绝缘手套、纸和笔等。

学习活动 3　现　场　施　工

【学习目标】

　　(1) 了解煤矿采区常用过流保护装置的安装注意事项及常见故障处理。

　　(2) 能正确使用、维护过流保护装置。

　　(3) 能正确对采区供电系统的供电设备进行整定。

【建议课时】

　　4 课时。

【任务实施】

一、熔断器的安装与使用

　　(1) 用于安装使用的熔断器应完整无损，并标有额定电压、额定电流值。

　　(2) 熔断器安装时应保证熔体与夹头、夹头与夹座接触良好。瓷插式熔断器应垂直安装。螺旋式熔断器接线时，电源线应接在下接线座上，负载线应接在上接线座上，以保证能安全地更换熔管。

（3）熔断器内要安装合格的熔体，不能用多根小规格的熔体并联代替一根大规格的熔体。在多级保护的场合，各级熔体应相互配合，上级熔断器的额定电流等级以大于下级熔断器的额定电流等级两级为宜。

（4）更换熔体或熔管时，必须切断电源，尤其不允许带负荷操作，以免发生电弧灼伤。管式熔断器的熔体应用专用的绝缘插拔器进行更换。

（5）对 RM10 系列熔断器，在切断过三次短路电流后，必须更换熔断管，以保证能可靠地切断所规定分断能力的电流。

（6）熔体熔断后，应分析原因排除故障后，再更换新的熔体。在更换新的熔体时，不能轻易改变熔体的规格，更不能使用铜丝或铁丝代替熔体。

（7）熔断器兼作隔离器件使用时，应安装在控制开关的电源进线端。

二、熔断器的常见故障及处理方法（表 2-5）

表 2-5　熔断器的常见故障及处理方法

故障现象	可能原因	处理方法
电路接通瞬间，熔体熔断	熔体电流等级选择过小	更换熔体
	负载侧短路或接地	排除负载故障
	熔体安装时受机械损伤	更换熔体
熔体未熔断，但电路不通	熔体或接线座接触不良	重新连接

三、过流继电器的安装与使用

（1）安装前应检查继电器的额定电流和整定电流值是否符合要求。

（2）安装后应在触头不通电的情况下，使吸引线圈通电操作几次。

（3）定期检查继电器各零部件是否有松动及损坏现象。

（4）热继电器必须按照产品说明书中规定的方式安装。安装处的环境温度应与电动机所处环境温度基本相同。当与其他电器安装在一起时，应注意将热继电器安装在其他电器的下方，以免其动作特性受到其他电器发热的影响。

（5）安装时，应清除触头表面尘污，以免因接触电阻过大或电路不通而影响热继电器的动作性能。

（6）热继电器出线端的连接导线，应按表 2-6 的规定选用。这是因为导线的粗细和材料将影响到热元件端接点传导到外部热量的多少。导线过细，轴向导热性差，热继电器可能提前动作；反之，导线过粗，轴向导热快，热继电器可能滞后动作。

表 2-6　热继电器连接导线选用表

热继电器额定电流/A	连接导线截面积/mm^2	连接导线种类
10	2.5	单股铜芯塑料线
20	4.0	单股铜芯塑料线
60	16.0	多股铜芯橡皮线

四、热继电器的常见故障及排除方法（表2-7）

表2-7 热继电器的常见故障及排除方法

故障现象	可能原因	处理方法
热继电器动作太快	1. 整定电流值偏小	1. 按要求选用导线
	2. 电动机起动时间过长	2. 合理调整整定电流值
	3. 连接导线太细	3. 限定操作方法或改用过流继电器
	4. 操作频率过高	4. 选择合适的热继电器
热元件烧坏	1. 操作频率过高	1. 合理选用热继电器
	2. 负载短路，电流过大	2. 排除短路故障，更换热继电器
热继电器不动作，电动机烧坏	1. 触头接触不良	1. 根据负载合理调整整定电流值
	2. 热继电器的额定电流值与电动机的额定电压值不符	2. 更换热元件或热继电器
	3. 整定电流值偏大	3. 重新放入，并试验动作的灵活程度，或排除卡住故障
	4. 导板脱出或动作机构卡住	4. 按电机的容量选用（不可按接触器的额定电流值调热继电器）
	5. 热元件烧断或脱焊	5. 清除触头表面灰尘和氧化物
动作不稳定，时快时慢	1. 某些部件松动	1. 紧固松动部件
	2. 通电时电流波动太大或接线松动	2. 校验电压或拧紧松动导线

五、过流保护装置的整定计算

已知某采区供电系统图如图2-17所示，试整定1号开关的过电流继电器和5号开关的过电流继电器。

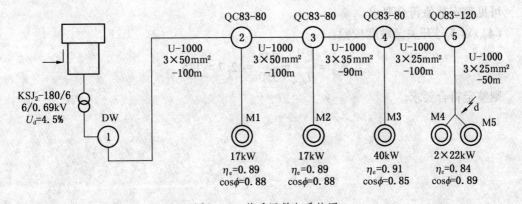

图2-17 某采区供电系统图

整定计算步骤：

（1）对于 5 号开关，电动机的额定电流为

$$I_e = \frac{P_e}{\sqrt{3}\,U_e\eta_e\cos\phi} = \frac{44 \times 10^3}{\sqrt{3} \times 660 \times 0.89 \times 0.84} = 51.5(A)$$

根据公式，5 号开关的 JR9 系列过电流继电器动作电流值应为

$$I_a = I_e = 51.1(A)$$

则可查表选取额定电流为 57 A 的热元件。

电磁元件整定：

$$I_{dz} \geqslant I_{Qe} = 6 \times 51.5 = 309 \ (A)$$

所以，取 350 A。

（2）对于 1 号开关，各台电动机的额定电流分别为

$$I_{e1} = 1.15P_{e1} = 20 \ (A)$$

$$I_{e2} = 1.15P_{e2} = 20 \ (A)$$

$$I_{e3} = 1.15P_{e3} = 46 \ (A)$$

启动电流最大的电动机，显然是两台同时启动的 22kW 电动机，其启动电流为

$$I_{Qe} = 6I_e = 6 \times 51.5 = 309 \ (A)$$

根据公式，继电器的动作电流整定值为

$$I_{dz} = I_{Qe} + \sum I_e = 309 + 20 + 20 + 46 = 395 \ (A)$$

故可选 1 号开关的动作电流整定值为 400 A。

（3）对 1 号开关灵敏度校验：

由于 M1、M2、M3 电动机与其控制开关之间都采用了不长的电缆过线，所以电路的最远点应在两台 22kW 电动机的端口处（即 d 点）。通过计算，求得 d 点的两相短路电流为

$$I_d^{(2)} = 943 \ (A)$$

代入公式校验，即

$$K_{t1} = \frac{I_d^{(2)}}{I_{dz}} = \frac{943}{400} \approx 2.3 > 1.5$$

可见整定数值符合要求。

（4）对 5 号开关灵敏度校验：

$$K_{t2} = \frac{I_d^{(2)}}{I_{dz}} = \frac{943}{350} \approx 2.7 > 1.5$$

则整定符合要求。

模块三　井下供电设备

现代煤矿井下的供电设备要正确安装、使用与维护，必须了解和熟悉与之相关联的高压配电装置、低压馈电开关、矿用变压器、移动变电站、电磁启动器、电缆等设备的用途、型号含义、结构、工作原理、安装调试、操作注意事项、使用维护及常见故障排除等方面的基本知识和操作技能。

学习任务一　BGP$_{9L}$-6G矿用隔爆型高压真空配电装置

【学习目标】

(1) 了解高压真空配电装置的型号含义及用途。

(2) 熟悉高压真空配电装置的结构及联锁装置。

(3) 了解高压真空配电装置的电气原理。

(4) 熟练掌握主回路接线方案。

(5) 掌握高压真空配电装置的调试、安装、操作及使用注意事项。

(6) 能分析简单的故障现象。

【建议课时】

8课时。

【工作情景描述】

需要了解煤矿井下高压真空配电装置的结构、工作原理，主回路接线方案设计，能够对本设备进行正确的调试、安装，并注意操作使用事项，出现故障能及时排除。

学习活动1　明确工作任务

【学习目标】

(1) 了解高压真空配电装置的型号含义及用途。

(2) 熟悉高压真空配电装置的结构及联锁装置。

(3) 了解高压真空配电装置的电气原理。

【学习课时】

4课时。

一、工作任务

如图3-1所示为BGP$_{9L}$-6G矿用隔爆型高压真空配电装置，安装在某采区变电所，如何操作、安装和维护这台设备？

(a)　　　　　　　　　　　(b)

图 3-1　BGP$_{9L}$-6G 矿用隔爆型高压真空配电装置

二、相关理论知识

（一）型号含义及用途

1. 型号含义（图 3-2）

B G P 9L - 630 / 10(6)

　　　　　　　　　　　　　额定电压/kV

　　　　　　　　　　　　　额定电流/A

　　　　　　　　　　　　　设计序号

　　　　　　　　　　　　　配电装置

　　　　　　　　　　　　　高压

　　　　　　　　　　　　　隔爆型

图 3-2　BGP$_{9L}$型配电装置的型号含义

2. 用途

BGP$_{9L}$-6G 矿用隔爆型高压真空配电装置适用于含有甲烷混合气体，具有爆炸危险的煤矿井下，对额定电压 6 kV、额定频率 50 Hz、额定电流不超过 400 A 的三相交流中性点不直接接地的供电系统进行控制、保护和测量。额定绝缘水平见表 3-1。

表 3-1　额定绝缘水平　　　　　　　　　　　　　　　kV

1 min 工频耐压（有效值）			标准雷击冲击全波（峰值）	
对地、相间及断路器的断口间	隔离开关断口间	二次回路对地	对地、相间及断路器的断口间	隔离开关断口间
23	26	2	40	46

（二）外部结构组成

BGP$_{9L}$-6G 矿用隔爆型高压真空配电装置的结构分为隔爆箱和机芯小车两大部分。隔爆箱由箱体、箱门、后盖板（上下各一块）、接线腔和底架等主要部分组成。底架上隐蔽置一个辅轨（图 3-1a）。

箱体为长方体，中隔板将箱体隔开成前后两腔，横隔板将后腔隔开形成上下两室（图 3-3、图 3-4），上下两室之间的隔板不起防爆作用，所以后腔是一个通腔。中隔板上装有 6 只隔离插销的插座，还有两只供前后腔二次控制电线穿墙的七芯接线柱（图 3-5）。6 只隔离插销的插座，3 只位于后腔上室、3 只位于后腔下室。上室的左右侧板上各有 3 只穿墙接线柱。后腔下室的左右侧板上各有一个高压入口和一个低压橡套电缆引入口（称为小喇叭嘴），如图 3-6 所示。后腔下室的高压电缆引入口内装有一只零序电流互感器（图 3-7），后腔下室的底板上还有一只终端电阻和一只接线端子排。箱体的前腔主要容纳机芯小车，如图 3-8 所示。安装在前腔底板上的拨臂（图 3-9）是为了推动机芯前进或后退以实现隔离插销的合闸和分闸运动，拨臂通过连杆与右墙板上的隔离操作臂连接。前腔底板上各有一块护轨和板，是供机芯小车行走的。前腔的右侧板上设有真空断路器的手动合闸轴和手动分闸柄。箱体前腔左右侧板上各有一个观察窗（图 3-5b），可以看到隔离插销分合状况。

图 3-3　前腔

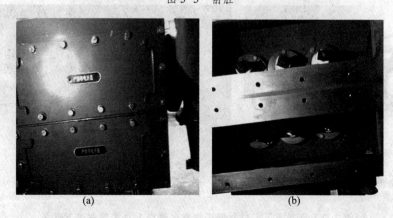

（a）　　　　　　　　　　　　（b）

图 3-4　后腔

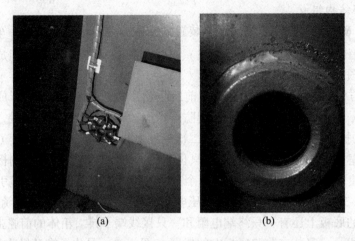

(a)　　　　　　　　　　　　(b)

图 3-5　七芯接线柱和观察窗

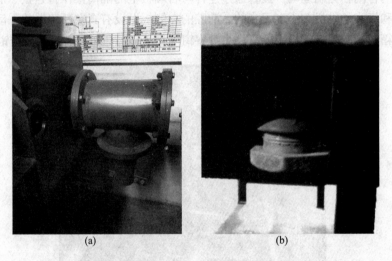

(a)　　　　　　　　　　　　(b)

图 3-6　高压入口和低压橡套电缆引入口

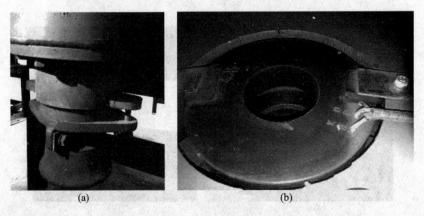

(a)　　　　　　　　　　　　(b)

图 3-7　负载高压入口和低压橡套电缆引入口零序电流互感器

图3-8 机芯小车   图3-9 前腔底板上的拨臂

三、内部结构及主要装置

BGP$_{9L}$-6G 矿用隔爆型高压真空配电装置的内部结构及主要装置（机芯小车）如图3-8 和图3-10 所示。

图3-10 BGP$_{9L}$-6G 矿用隔爆型高压真空配电装置的内部结构

内部主要电气元件都装在小车或机芯上，机芯上装有真空断路器、电压互感器、电流互感器、压敏电阻器、高压综合保护装置和上下两组高压隔离插销插头。机芯上的二次控制线与箱体、箱门上的二次控制线用多芯插头座进行活性连接。

小车式机芯和主回路用两组隔离插销连接是本配电装置的主要结构特点之一。由于配电装置的主要电气元件集装于机芯之上，所以配电装置若出现故障（大多可能是机芯故障），可以抽出有故障的机芯进行修理，并可以用同型号规格的备用机芯替换故障机芯，从而节省抢修时间，减少对生产的影响。

四、电气原理

BGP$_{9L}$-6G 矿用隔爆型高压真空配电装置的电气原理图如图 3-11 所示。

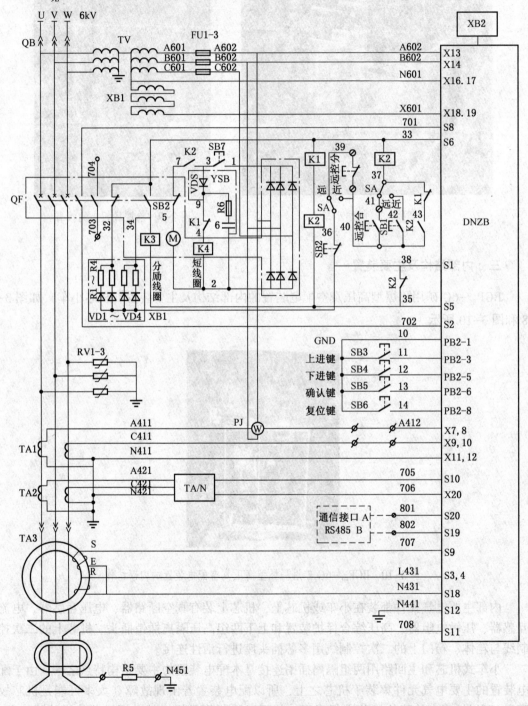

K1 线圈—合闸与正常运行时无电，分闸时有电；K2 线圈—合闸与正常运行时有电，分闸时无电

图 3-11 BGP$_{9L}$-6G 矿用隔爆型高压真空配电装置的电气原理图

1. 主回路工作原理

6 kV 的三相电源从配电装置的电源接线盒引入，经上隔离插销、真空断路器和下隔离插销后，由后腔下室的弯形电缆口输出到负载。上、下隔离插销由手动进行合闸和分闸。当隔离插销插入到位，且隔离联锁柄在"合闸"位置时，SB_7 触点闭合，接通真空断路器的失压脱扣器供电回路，失压脱扣器投入工作。

真空断路器既能电动合闸和分闸，也可以手动合闸和分闸。操作者按动启动按钮 SB_1 时，合闸线圈 K2 吸合，常开触头 K2 闭合，电动机 M 旋转，机构进行合闸运动，直到真空断路器合闸完成，真空断路器辅助开关的常闭触点断开，合闸电动机失电停止旋转。按动配电装置的电动分闸按钮 SB_2 时，SB_2 的常开触点闭合，接通分励脱扣器供电回路，真空断路器分闸；SB_2 的常闭触点断开，失压脱扣器断电，作为真空断路器的双重跳闸，以保证可靠地完成断电操作。

2. 内部主要电气元件

本配电装置的主要电气元件包括矿用高压真空断路器、高压综合保护装置、高压隔离插销、三相电压互感器、电流互感器、高压氧化锌压敏电阻器。

1）矿用高压真空断路器

真空断路器、分励脱扣器、失压脱扣器、合闸线圈参与其工作过程的动作。

2）高压综合保护装置

选用 DNZB 高压综合保护器。

（1）电源：高压综合保护装置的额定工作电压为 100 V、50 Hz，当工作电压为额定电压的 75%～120% 时，装置能够正常工作。

真空断路器分励脱扣线圈的跳闸电源采用复式供电方式：电压源，当高压综合保护装置的电源电压为额定电压（100 V）的 75% 时，输出直流电压不小于 20 V（负载 25 Ω）；电流源，当高压综合保护装置的电源电压为 0 V，电流互感器的一次通过 4 倍额定电流时，电流源输出 25 V·A 电能（负载 25 Ω）。

（2）过载保护：过载保护在 1.2 倍额定电流时启动，采用反时限特性动作。过载常数：为过载保护反时限动作特性的时间常数，分 10、11、…、20 共 11 挡。

过载保护利用热积累实现断续过载情况下的过载保护，当负荷电流小于 0.9 倍额定电流时，热积累能量开始散热。过载动作时间与理论计算值误差小于±500 ms，电流计算精度为±5%。

（3）短路保护：短路保护整定电流值分挡连续可调，分别为额定电流的 6 倍、7 倍、8 倍、9 倍、10 倍，精度为±5%。短路保护动作时间小于 100 ms。

（4）漏电保护：漏电保护适用于中性点不接地和中性点经消弧线圈接地两种系统，可根据电网运行情况整定；漏电保护为选择性保护；接地电流整定值为漏电保护的动作门槛值，分 2 A、4 A 两挡；漏电延时动作时间分为 0 ms、500 ms、1000 ms 三挡，误差±5%。

（5）绝缘监视保护：当监视线与地线之间绝缘电阻 $R_d > 5.5$ kΩ 时不动作，$R_d < 3$ kΩ 时可靠动作；当监视线与地线之间回路电阻 $R_k < 0.8$ kΩ 时不动作，$0.8 ≤ R_k ≤ 1.5$ kΩ 时可靠动作；绝缘监视保护动作时间小于 100 ms。

（6）过压保护：当电网进线电压 $U_{ac} > 120\% U_N$（额定电压）时，过压保护动作，动作时间小于 100 ms，测量精度为±5%。

（7）欠压保护：当电网进线电压 $U_{ac}<65\%\,U_{N}$（额定电压）时，欠压保护延时 5 s 动作，测量精度为±5%。

3）高压隔离插销

配电装置有两组高压隔离插销，一组安装在电源侧，另一组安装在负荷侧。两组隔离插销是同时插入或分离的。为了使隔离插销有良好的电接触，使其分、合灵活，工作可靠，隔离插销要对插头和插座进行调整，达到如下要求：

（1）插头和隔离插座的同轴度误差不超过 1 mm。

（2）插头和隔离插座触桥，触桥和导电杆两处接触电阻值之和控制在 80 μΩ 以内。

（3）隔离插销插入到位后，插头在触桥中的插入深度不得小于 20 mm。隔离插销无灭弧装置，分闸速度和合闸速度依靠人工操作，所以隔离插销严禁带负荷操作。

4）三相电压互感器

选用 JSZW3-6 型三相五柱电压互感器。

5）电流互感器

选用 LM-6 型电流互感器。

6）高压氧化锌压敏电阻器

选用 MYGS-6/5 型高压氧化锌压敏电阻器。

学习活动 2　工作前的准备

【学习目标】

（1）参照 BGP₉ₗ-6G 矿用隔爆型高压真空配电装置产品说明书，了解其电气原理。

（2）会分析本配电装置的主回路接线方案。

（3）掌握本配电装置的调试、安装、操作注意事项。

一、工具、仪表

2500 V 兆欧表 1 块，万用表 1 块，套筒扳手 1 套，电工工具 1 套，30 mm 活络扳手 1 个，20 mm 十字旋具 1 个，小旋具（一字、十字 1 套，斜嘴钳 1 个，本设备专用工具、高压真空断路器专用工具 1 套，1 kV·A 三相调压器 1 台。

二、设备

BGP₉ₗ-6G 矿用隔爆型高压真空配电装置。

三、材料与资料

绝缘胶布 2 盘，电缆（高压橡套屏蔽）50 m，胶质线 1 盘，1.5 V 小灯泡 3 个，劳保用品、工作服、绝缘鞋若干，BGP₉ₗ-6G 矿用隔爆型高压真空配电装置产品说明书。

学习活动 3　现 场 施 工

【学习目标】

（1）熟练掌握主回路接线方案。

（2）掌握高压真空配电装置的调试、安装、操作及使用注意事项。

（3）能分析简单的故障现象。

【建议课时】

4 课时。

【任务实施】

一、主回路接线方案

本配电装置按其在系统中的作用，主回路接线方案共分 4 种。

1. 方案一

如图 3-12 所示，电源侧有两个接线位置，负荷侧有一个接线位置，该方案的一次接线如图 3-12a 所示，外形结构如图 3-12b 所示。该方案的配电装置可单台使用，也可连台使用。

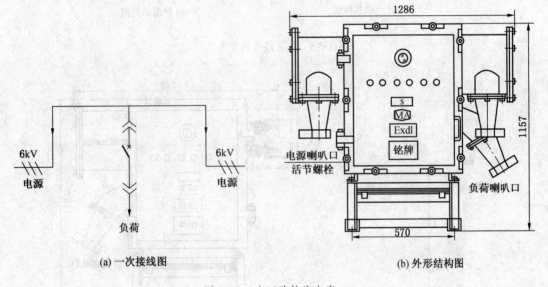

(a) 一次接线图　　　　　　　　　(b) 外形结构图

图 3-12　主回路接线方案一

2. 方案二

如图 3-13 所示，电源侧为单回路馈入，负荷侧为单回路馈出，该方案的一次接线如图 3-13a 所示，外形结构如图 3-13b 所示。该方案的配电装置可单台使用，也可连台使用。

3. 方案三

如图 3-14 所示，配电装置的电源侧无电缆头，三相电源从相邻开关的硬母线通过连通节接到本开关的硬母线上，负荷侧有一只馈出电缆头。该方案的一次接线如图 3-14a 所示，外形结构如图 3-14b 所示。当硐室有多台配电装置连台使用时，该配电装置只作分路开关，不能单台使用。

以上 3 种方案的电缆头可以是铠装的，也可以是橡套电缆头。

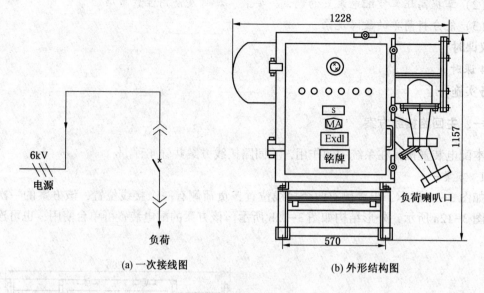

(a) 一次接线图　　　　　　　(b) 外形结构图

图 3-13　主回路接线方案二

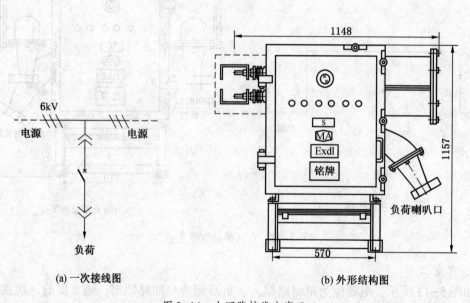

(a) 一次接线图　　　　　　　(b) 外形结构图

图 3-14　主回路接线方案三

4. 方案四

如图 3-15 所示，配电装置的电源侧无电缆头，三相电源从相邻开关的硬母线通过连接线接到本开关右（或左）端的硬母线，通过上隔离插销、真空断路器和下隔离插销的控制，再连接左（或右）端的硬母线。该方案的一次接线如图 3-15a 所示，外形结构如图 3-15b 所示。该方案的配电装置不单台使用，当硐室有多台配电装置连台使用时，本装置当作母线联络开关。

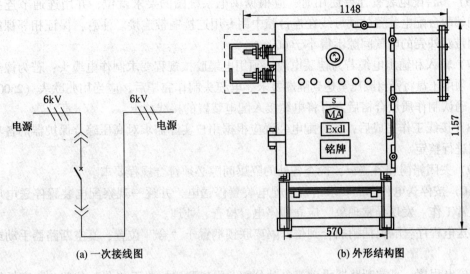

(a) 一次接线图   (b) 外形结构图

图 3-15 主回路接线方案四

二、调试、安装、操作及使用注意事项

（1）打开门盖的程序：①将隔离插销联锁柄置"分"位置；②安装好隔离插销操作手柄，向后扳到极限位置；③松动门盖活节螺栓（10个），将活节螺栓压板拨开，用手拉开门盖。

（2）抽出机芯的程序：①用手拨开进线插头和机座的锁扣，使插头和机座脱离。②从底架上抽出辅助导轨，打开并使之与前腔导轨可靠挂接。③手拉机芯，将其放置于辅助导轨上。

（3）检查各电气元件，绝缘件应无损伤，各紧固件应无松动，各导线连接应可靠，各防爆面应无锈蚀，箱体各腔内应清净、干燥。如发现电气元件损坏、紧固件松动或导线连接不可靠，应及时处理。

（4）配电装置在下井安装前，应进行以下两个试验。

①绝缘水平试验：使用 2500 V 摇表进行测试，一次对地电阻、相间电阻均应大于或等于 200 MΩ。摇测前要将电压互感器零点拆开或拆除一次接线；在试验以前，要将三相电压互感器、压敏电阻器的高压引线从高压主回路中拆除，高压综合保护装置从插座上拔出；在高压主回路的相间、每相导体对地及真空断路器灭弧室的触头断口之间施加 23 kV 工频电压，在隔离插销断口间施加 26 kV 工频电压，二次回路对地施加 2 kV 工频电压，历时 1 min 应无击穿和闪路现象。

②三相 6 kV 通电试验：首先将配电装置一切元器件并使电路恢复正常，再把三相 6 kV 电源从配电装置的电源接线腔引入送电；然后对各种电气元件的工作情况、综合保护装置的工作情况逐一进行试验，确保其正常工作。

（5）配电装置应水平安装，如有倾斜度，不应超过 15°。在配电装置的底架下，最好设有宽度和深度均约为 40 mm 的电缆地沟。

（6）多台配电装置连台使用时，应根据供电系统图的要求就位，并用连通节连接起来，相邻两台配电装置的硬母线在连台腔中用专用连接铜带连接。注意：保证相邻裸露铜带及铜带对外壳的电气间隙不得小于 60 mm。

（7）输入和输出电缆若为铠装电缆，须用电缆胶按规程要求制作电缆头；若为橡套电缆头，须用压盘将密封圈压紧到隔爆要求。电缆头制作完毕后，应当用兆欧表（2500 V）检验，确认制作质量合格后方可将电缆接入配电装置的接线柱上。

（8）接线工作完成后，各台配电装置应根据用户实际需求对高压综合保护器的各项技术参数进行整定。

（9）关闭箱门和各盖板，检查各处的隔爆间隙必须符合规程要求。

（10）按停送电程序的要求给每台配电装置停送电，并逐一观察配电装置停送电后是否能正常工作。发现异常现象，应立即停电、检查、处理。

①送电程序：隔离插销插合到位；隔离联锁柄置于"合"位置；真空断路器手动或电动合闸。

②停电程序：真空断路器手动或电动分闸；隔离联锁柄置于"分"位置；隔离插销分闸到位。

（11）日常保养：①配电装置带电正常运行中，每隔半年应检查各隔爆结合面，发现锈斑，须用砂布把锈斑打磨干净后并进行防锈处理；②配电装置在井下停电一周以上，在送电前应当注意各电气元件是否有因受潮而引起绝缘电阻不合格的情况；③配电装置正常运行中，每一年应对压敏电阻器进行一次预防性试验。

三、常见故障的分析与排除

BGP$_{9L}$-6G 矿用隔爆型高压真空配电装置的常见故障的分析与排除见表 3-2。

表 3-2　常见故障的分析与排除

故障现象	原因分析	排除方法
配电装置工作正常，电压指示正常，电源指示灯或断路器合闸指示灯不亮	指示灯线路不通或发光二极管损坏	检修线路或更换发光二极管
隔离插销合闸卡滞	插座与插头轴线偏离太大或触桥排列不整齐	校正两者中轴线；更换触桥或触桥弹簧
隔离插销严重发热	插头、触桥烧损或触桥弹簧退火	更换触头、触桥或触桥弹簧
低压熔芯烧断	线路有短路或电流过大现象	检查短路点或电流过大原因，处理后更换熔芯
真空断路器电动合闸拒合，手动合闸正常	配电装置的控制线路、断路器电动合闸电动机或机械机构故障	检修控制线路、电动合闸电动机或机构等
真空断路器手动、电动合闸均拒合	断路器的锁扣机构失灵或欠压脱扣器故障	检修锁扣机构或欠压脱扣器

表3-2（续）

故障现象	原因分析	排除方法
真空断路器手动分闸正常，电动分闸拒分	配电装置的控制线路、断路器分励脱扣器线圈或脱扣机构故障	检修控制线路、分励脱扣器线圈引脱扣机构
真空断路器手动、电动分闸均拒分	断路器脱扣机构故障	检修脱扣机构
过载、短路、漏电、监视等保护工作不正常	高压综合保护器故障	更换整台保护器

四、实训步骤

1. BGP$_{9L}$-6G 矿用隔爆型高压真空配电装置的安装接线与调试步骤

1）实训准备

（1）分组准备：在实习指导教师的组织下，由实习学生参与，根据场地及工位情况将全体人员分成若干小组并指定小组负责人。

（2）场地、设备及材料准备：在实习指导教师的指导下，由实习学生参与进行实习场地的整理、设备的布置及材料的分发。

（3）仪器、仪表及电工工具准备：在实习指导教师的指导下，由实习学生参与进行实习用的仪器、仪表的布置或分配以及电工工具的分发。

2）开关门操作

（1）说明具体的机械闭锁关系：由学生说明该高压真空配电装置中的机械闭锁关系存在于哪些电气元件之间或哪些部分之间。

（2）指出机械闭锁的具体情况：由学生针对具体的高压真空配电装置说明其机械闭锁的详细情况及操作的注意事项和要求。

（3）完成开关门操作：在实习指导教师的指导下，由学生按照要求和正确的步骤打开高压真空配电装置的门盖。

3）抽出机芯

（1）熟悉电气元件：在实习指导教师的指导下，认识电气元件及熟悉电气元件作用。

（2）查找接线：在实习指导教师的指导下，由学生根据电路图依照实物对应关系查找相关接线。

4）实验与整定

（1）高压继电保护装置的试验：在实习指导教师的许可和监护下，送入100 V三相交流电，对高压继电保护装置性能进行检测。

（2）保护功能试验：高压继电保护装置性能检测后，按要求进行过流、漏电与监视等相关试验，试验完毕后必须按"复位"按钮。

（3）高压综合保护装置工作参数整定：在实习指导教师的监护下，逐一完成综合保护装置各项参数的整定。

5）高压真空断路器的调整

（1）真空断路器的真空灭弧室的开距调整：在实习指导教师的指导下，按操作步骤进行真空断路器的真空灭弧室的行程、超行程的调整。

（2）二相同期调整：按操作步骤进行 3 个真空断路器的真空灭弧室的吸合与分断时的同步调整。

（3）对高压真空断路器灭弧室进行仔细观察，判断是否漏气。

6）完成接线

（1）内部接线：试验与整定完毕，进行内部导线的恢复。

（2）按工艺要求完成 BGP$_{9L}$-6 AK 隔爆型高压真空配电装置与 6 kV 电源的连接，并进行全面检查。

7）高压送电操作

观察高压真空配电装置运行情况，查看显示屏页面的运行参数是否正常，听一听有无异常声响，详细记录各项运行参数，最后确认高压真空配电装置运行是否正常。

8）高压停电操作

（1）明确操作规程：在实习指导教师的指导下，填写操作票。

（2）明确操作顺序：由学生列出具体的停电操作步骤及注意事项。

（3）在实习指导教师的监护下，严格执行操作票制度，由学生完成停电操作。

9）清理现场

操作完毕，学生在教师的监护下关闭电源并拆线；收拾工具器材、仪表及设备，整理工作场所并请指导教师验收。

2. BGP$_{9L}$-6G 矿用隔爆型高压真空配电装置的维修步骤

1）实训准备

（1）分组准备：在实习指导教师的组织下，由实习学生参与，根据场地及工位情况将全体人员分成若干小组并指定小组负责人。

（2）场地、设备及材料准备：在实习指导教师的指导下，由实习学生参与进行实习场地的整理、设备的布置及材料的分发。

（3）仪器、仪表及电工工具准备：在实习指导教师的指导下，由实习学生参与进行实习用的仪器、仪表的布置或分配以及电工工具的分发。

2）开关门操作

（1）明确具体的机械闭锁关系：由学生说明该高压真空配电装置中的机械闭锁关系存在于哪些电气元件之间或哪些部分之间。

（2）指出机械闭锁的具体情况：由学生针对具体的高压真空配电装置说明其机械闭锁的详细情况及操作的注意事项和要求。

（3）完成开关门操作：在实习指导教师的指导下，由学生按照要求和正确的步骤打开高压真空配电装置的门盖。

3）故障信息收集

（1）询问故障时现场人员是否听到或看到有关的异常现象，如出现声响、火花等。

（2）详细查看故障设备外部和内部有无烧焦、脱落、裂痕、缺陷等异常状况。

（3）用 2500 V 兆欧表对高压电缆进行相间及三相对地的绝缘检测，进一步收集故障信息。

4）故障分析

在实习指导教师的指导下，学生根据故障现象进行故障分析和排查。

（1）针对所出故障的各种现象和信息进行原因分析，明确造成该故障的各种可能情况，并一一列出。

（2）先在电路图中标出故障范围，对照实物列出可能的故障元件或故障部位。

（3）根据该高压真空配电装置的情况及故障元件或故障部位出现的频率及查找的难易程度，明确查找故障元件或故障部位可能的次序。

5）排除故障

经实习指导教师检查同意后，学生根据自己对故障原因的分析，进行故障排除。

（1）依照查找故障可能的次序，选用正确的仪表、工具逐一排查，直到检查出故障元件或故障部位。

（2）若带电操作，必须在实习指导教师的许可和监护下按照操作规程进行。

（3）选用正确的方法及合适的仪器、仪表、工具进行更换或修复电气元件等操作排除故障。

（4）在故障排除过程中要规范操作，严禁扩大故障范围或产生新的故障。

6）通电试运行

故障排除后，要在实习指导教师的许可和监护下送电试运行，以观察高压真空配电装置的运行情况，确认故障已排除。

通电试运行的停送电操作按本任务中实训 1 中的（7）、（8）项高压停送电操作进行。

7）清理现场

操作完毕，学生在指导教师的监护下关闭电源并拆线；收拾工具器材、仪表及设备，整理工作场所并请指导教师验收。

学习任务二 KBZ-630/1140 矿用隔爆 真空智能型馈电开关

【学习目标】

（1）了解 KBZ-400/1140 矿用隔爆真空智能型馈电开关的用途、结构及型号含义。

（2）了解 KBZ-400/1140 矿用隔爆真空智能型馈电开关的电气工作原理。

（3）了解 KBZ-400/1140 矿用隔爆真空智能型馈电开关主要电气元件的位置及作用。

（4）掌握 KBZ-400/1140 矿用隔爆真空智能型馈电开关的工作过程。

（5）会对 KBZ-400/1140 矿用隔爆真空智能型馈电开关进行常见的故障排除。

【建议课时】

8 课时。

【工作情景描述】

某矿井下正在使用 KBZ-400/1140 矿用隔爆真空智能型馈电开关，馈电开关可作为线路总开关和分路开关，还可以通过配电线向其他分路馈电开关输送电能，或作为矿用移动变电站用馈电开关，也可作为大容量电动机不频繁启动用。它具有过载、短路、欠压、漏电闭锁和漏电保护等功能。

为了正确地操作、安装和维护真空馈电开关，需了解它的用途、结构、智能原理等知识。

学习活动1 明确工作任务

【学习目标】

（1）了解 KBZ-400/1140 矿用隔爆真空智能型馈电开关的用途、结构及型号含义。

（2）了解 KBZ-400/1140 矿用隔爆真空智能型馈电开关的电气工作原理。

（3）了解 KBZ-400/1140 矿用隔爆真空智能型馈电开关主要电气元件的位置及作用。

【学习课时】

4 课时。

一、工作任务

某采区配电点的 KBZ-400/1140 矿用隔爆真空智能型馈电开关，该设备的结构如何？其电气原理如何理解？如何进行操作、维护及故障处理，并按要求完成相关工作？

二、相关理论知识

1. 型号含义和用途

1）型号含义（图 3-16）

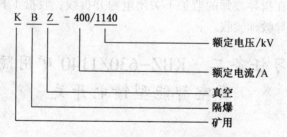

图 3-16　馈电开关的型号含义

2）用途

KBZ-400/1140 矿用隔爆真空智能型馈电开关（以下简称馈电开关）主要用于煤矿和其他周围介质中有煤尘和爆炸性气体的环境，在交流 50Hz、660 V 或 1140 V，额定电流 400 A 及以下的线路中，开关既可作配电系统的总开关，也可作配电支路首、末端的分开关，其外形如图 3-17 所示。

2. 结构组成

1）外部结构

如图 3-17 所示，馈电开关主要由装在橇形底架上的方形隔爆外壳、本体装置、前门和电器件装配等部分组成，外壳的前门为平面止口式。

图 3-17 馈电开关外形图

（1）接线腔：接线腔内装有 3 个主回路进线接线柱和 3 个出线接线柱，4 个可穿入电缆外径为 $\phi32\sim72$ 的主回路进出线喇叭口，3 个可穿入电缆外径为 $\phi4.5\sim21$ 的控制回路进出线喇叭口；有两组控制线接线柱。馈电开关外形接线腔如图 3-18 所示。

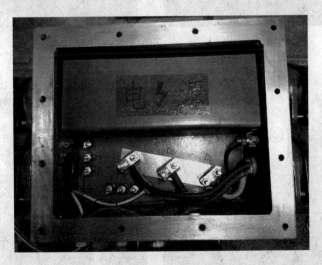

图 3-18 馈电开关外形接线腔

（2）馈电开关前门（图 3-19）装有一个观察窗、7 个按钮（合闸、分闸、确认、复位、上选、下选、漏试）、操作手柄，箱体装有电源转换开关、机械闭锁装置、脱扣按钮、保护接地装置，分别如图 3-20 至图 3-22 所示。

图 3-19　馈电开关前门

(a)

(b)

图 3-20　转换开关手柄和机械闭锁装置

(a)

(b)

图 3-21　脱扣按钮和操作手柄

图 3-22　保护接地装置

2）内部结构

内部主要电气元件有真空断路器、综合保护器、液晶显示器、三相电抗器、电容器、电源变压器、综保电源变压器、阻容吸收装置、电源开关等。其中，图 3-23 为馈电开关内部结构，图 3-24 为前门内侧的时间继电器、交流接触器、7 个功能按钮及继电器，图 3-25 为液晶显示器、控制变压器、7 个按钮和综合保护器，图 3-26 为侧板和真空断路器。

图 3-23　馈电开关内部结构

3. 电气工作原理

KBZ-400/1140 矿用隔爆真空智能型馈电开关的电气工作原理图如图 3-27 所示。当转换开关打至电源位时，时间继电器 SJ 得电，常开接点闭合，按下合闸按钮 QA 时，继电器 J3 吸合，常开接点 J3-1～J3-3 闭合，断路器 KM 的吸合线圈 Q1 有电，断路器合闸。同时，断路器辅助触点 KM-3 断开，时间继电器 SJ 断电，其触点延时一定时间后断开，继电器 J3 断电，常开接点 J3-1～J3-3 打开，线圈 Q1 不再工作。而保护插件给予指令或按分闸按钮 FL 时，断路器脱扣线圈 Q2 得到 55 V 电压，断路器分闸，辅助开关中的常开接点 KM-1 打开，保证分闸后脱扣线圈 Q2 不再工作。

图 3-24 前门内侧的时间继电器、交流接触器、　　图 3-25 液晶显示器、控制变压器、
　　　 7 个功能按钮及继电器　　　　　　　　　　　 7 个按钮和综合保护器

(a) 侧板

(b) 真空断路器和三相电流互感器

图 3-26 侧板和真空断路器

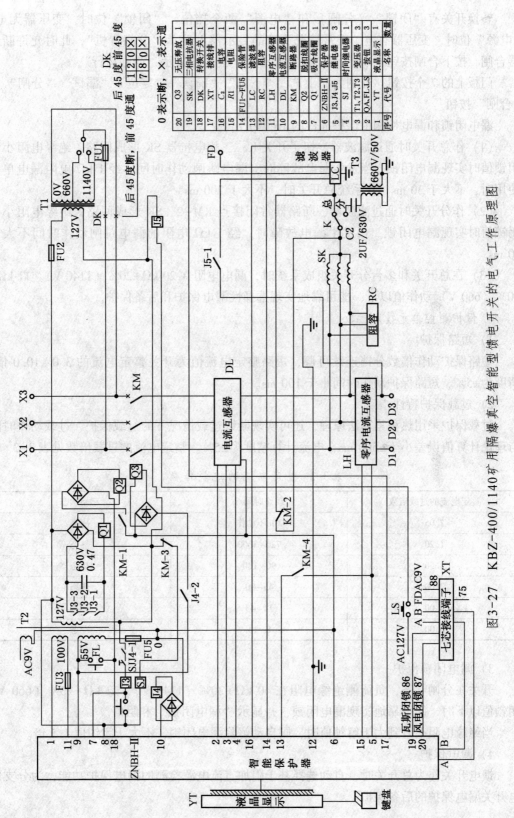

图 3-27　KBZ-400/1140 矿用隔爆真空智能型馈电开关的电气工作原理图

转换开关有"闭锁"（分闸）和"电源"两个挡位。"闭锁"位时，变压器无电；"电源"位时，变压器有电，正常情况下液晶显示器上显示"分闸待机"，此时允许断路器合闸；按下合闸按钮"QA"时，断路器合闸，显示器显示"合闸运行"。

门板上的 7 个按钮，分别为"上选""下选""确认""复位""漏试""分闸"和"合闸"按钮。

漏电闭锁和漏电检测由保护插件的 16 脚引出：

（1）作总开关时通过滤波器、钮子开关 K、三相电抗器 SK 形成回路，绝缘电阻小于闭锁值时实现漏电闭锁。当发生漏电故障时，漏电跳闸动作时间：经 1 kΩ 电阻漏电单台使用时，不大于 30 ms，作系统总开关时，不大于 200 ms。

（2）作分开关时通过滤波器、断路器常闭接点 KM-2、SK 形成回路，绝缘电阻小于闭锁值时实现漏电闭锁。当发生漏电故障时，经 1 kΩ 电阻的漏电跳闸动作时间不大于30 ms。

（3）在总开关和多台分开关组成系统时，漏电电阻在 20 kΩ+20%（1140 V）、11 kΩ+20%（660 V）动作值以下，能可靠地实现选择性漏电保护和后备保护。

4. 保护测控单元技术参数

1）短路保护

短路保护动作倍数分挡连续可调，短路整定电流值为开关整定电流的 3.0~10.0 倍，精度为±5%。短路保护动作时间小于 100 ms。

2）过载保护特性

过载保护采用热积累算法原理，还可实现断续过载情况下的过载保护。过载动作时间与理论计算值误差小于±500 ms，电流计算精度为±5%。整定电流的过载倍数见表 3-3。

表3-3 整定电流的过载倍数

整定电流的过载倍数	动作时间/s	起始状态
1.05	2 h 不动作	冷态
1.20	720~3600	热态
1.50	90~180	热态
2.00	45~90	热态
4.00	14~45	热态
6.00	8~14	冷态

3）漏电闭锁保护

开关在分闸状态，负荷侧绝缘电阻在 40 kΩ+20%（1140 V）、22 kΩ+20%（660 V）闭锁值以下时，能可靠地实现漏电闭锁，并显示"漏电闭锁"和阻值。

当绝缘电阻上升到大于解锁值时，则自动解除漏电闭锁，不大于闭锁值 1.5 倍。

4）漏电保护

馈电开关作为总开关时，自动选择基于附加直流电源检测的漏电保护功能，为分支馈电开关漏电保护的后备保护。

馈电开关作为分开关时，漏电保护具有选择性，自动选择漏电故障支路。

漏电延时动作时间 0~250 ms 可调；为保证漏电保护的纵向选择性功能，应注意馈电总、分开关上下级动作时间的配合。

在运行中开关负荷侧绝缘电阻在 20 kΩ（1140 V）、11 kΩ（660 V）动作值以下时，能可靠地实现选择性漏电保护跳闸并显示"漏电故障"。

5）过压保护

当电网进线电压 U_{ac}＞120% 额定电压时，过压保护动作，动作时间小于 100 ms，精度为±5%。

6）欠压保护

当电网进线电压 U_{ac}＜65% 额定电压时，欠压保护延时 5 s 动作，精度为±5%。欠压保护可以整定选择"打开"或"关闭"。

7）风电闭锁

主要用于本开关与局部通风机开关组成联控，当局部通风机开关正常工作时本开关才能正常起动工作；当局部通风机开关因故跳闸时本开关就会自动跳闸断电。

根据局部通风机开关跳闸时的输出接点状态，风电闭锁保护可以选择"常开"或"常闭"作为动作条件。

例如，若选择"常开"，则：①当局部通风机开关正常运行，且其输出接点闭合时，本馈电开关可以正常运行。②当局部通风机开关跳闸，且其输出接点断开时，合闸运行的馈电开关立即自动跳闸断电，并显示"风电故障"；分闸状态的馈电开关闭锁合闸，并显示"风电闭锁"。

8）瓦斯闭锁

主要用于本开关与瓦斯断电仪组成联控，当瓦斯断电仪正常工作时，本开关才能正常起动工作；当瓦斯断电仪因故跳闸时，本开关就会自动跳闸断电。

根据瓦斯断电仪跳闸时的输出接点状态，瓦斯闭锁保护可以选择"常开"或"常闭"作为动作条件。其接点定义同"风电闭锁"。

学习活动2 工作前的准备

【学习目标】

（1）掌握 KBZ-400/1140 矿用隔爆真空智能型馈电开关的停、送电操作程序。

（2）会对 KBZ-400/1140 矿用隔爆真空智能型馈电开关进行维护及安装。

一、工具、仪表

常用电工工具 1 套，验电笔、十字旋具、一字旋具、剥线钳、扁嘴钳各 1 把，瓦检仪，00 型万用表、1000 V 兆欧表、钳形电流表各 1 块。

二、设备

KBZ-400 矿用隔爆真空智能型馈电开关 1 台。

三、材料与资料

绝缘胶布及胶质线、2.5 mm² 控制电缆、直径 32 mm 橡套电缆若干，劳保用品、工作服、绝缘手套、绝缘鞋，停电闭锁牌，KBZ-400/1140 矿用隔爆真空智能型馈电开关产品说明书一份。

学习活动 3 现 场 施 工

【学习目标】

（1）熟悉 KBZ-400/1140 矿用隔爆真空智能型馈电开关的结构与工作过程。

（2）掌握 KBZ-400/1140 矿用隔爆真空智能型馈电开关的操作与整定方法。

（3）掌握 KBZ-400/1140 矿用隔爆真空智能型馈电开关的常见故障排除方法。

【建议课时】

4 课时。

【任务实施】

一、馈电开关的工作过程

1. 馈电开关的合闸和分闸

将馈电开关的操作手柄由"闭锁"位打到"电源"位置，显示器显示"分闸待机"；按合闸按钮断路器吸合，显示器显示"合闸运行"，按分闸按钮断路器断开。

在分闸状态，若负荷侧与外壳间接入小于漏电闭锁值的电阻，显示器显示"漏电闭锁"和电阻值。若接入大于漏电闭锁值的电阻后，自动复位。

风电和瓦斯电闭锁动作使开关跳闸或闭锁后，只有风电和瓦斯电闭锁解除后，本开关方能重新起动。

2. 侧板的钮子开关 K 的位置

作总开关或单台单独使用时，先将侧板上的钮子开关 K 打在"总开关"的位置；若作分开关使用时，应打在"分开关"的位置；同时在菜单整定屏里的"系统状态"也需对应地设置为"总开关"或"分开关"。

3. 按键的功能

"复位"：按下该键装置处于复位状态；释放该键，装置从起始位置进入工作状态。

"确认"：按下该键执行光标（反白显示）处的操作。

"上选"：按下该键可使光标上移或使反白显示处的参数增加。

"下选"：按下该键可使光标下移或使反白显示处的参数减小。

4. 定值整定方法

方法一：通过液晶显示与键盘操作进行整定。

方法二：通过 RS485 通信接口由监控计算机进行整定。

二、显示信息与按键操作

开关送电后，液晶屏显示信息如图 3-28 所示。

1	运	行	信	息
2	保	护	试	验
3	累	计	信	息
4	故	障	追	忆
5	保	护	整	定
6	装	置	设	置
7	出	厂	设	置
8	返	回	上	屏

图 3-29 "菜单"屏

```
智 能 化 馈 电 开 关
    分 闸 待 机
   2007-04-26
     08：00
  中 国 ×× 电 气
```

图 3-28 液晶屏显示信息

图 3-28 中第 2 行表示状态，根据不同情况可显示为：初始化中、分闸待机、合闸运行、整定出错及相关故障信息（短路跳闸、漏电故障、过载跳闸、漏电闭锁、断相跳闸、过压故障、欠压故障、瓦斯闭锁、风电闭锁）。第 3 行显示日历时钟的×年×月×日。第 4 行显示当时具体的×时×分。在该显示屏下，按"确认"键时进入如下的"菜单"屏（图 3-29）。

图 3-29 中第 2 行在分闸待机时显示"保护试验"；合闸运行时显示"跳闸试验"。第 7 行"出厂设置"项是为产品出厂调试时用，用户不必关心此项。

按"上选""下选"键，可上下移动菜单并反白显示；按"确认"键执行反白显示菜单项的下级菜单或相应功能，各子菜单显示信息和说明分别如下：

（1）"运行信息"屏，如图 3-30 所示。

```
电 网 电 压  1140 V
负 荷 电 流   400 A
有 功 功 率  420 kW
  按 确 认 键 返 回
```

图 3-30 "运行信息"屏

```
短 路 试 验   完 好
漏 电 试 验   故 障

  按 确 认 键 返 回
```

图 3-31 "保护试验"屏

若开关中电压 U_{ac} 或电流 I_a 相序接错，合闸运行后"有功功率"一直显示为 0。

（2）"保护试验"屏，如图 3-31 所示。

（3）"累计信息"屏，如图 3-32 所示。

```
电 度       ××××度
累 计 故 障  ××××次
短 路 跳 闸  ××××次
  按 确 认 键 返 回
```

图 3-32 "累计信息"屏

```
前 99 次      07-06-30
              11：32：25

      短 路 故 障
      U_ac = 1468 V
 I_a = 3260 A   I_c = 3260 A
   按 确 认 键 返 回
```

图 3-33 "故障追忆"屏

（4）"故障追忆"屏，如图 3-33 所示。

"故障追忆"信息包括：短路故障、漏电故障、过载故障、断相跳闸、过压故障、欠压故障、风电闭锁故障、瓦斯闭锁故障及相应的电网故障参数。

液晶屏右上角显示故障发生时刻的年、月、日、时、分、秒。

（5）"保护整定"屏，如图3-34所示。

```
1    系  统  电  压  1140 伏
2    整  定  电  流  400 安
3    短  路  倍  数  10 倍
4    欠  压  保  护  打 开
5    系  统  状  态  总 开 关
6    漏  电  延  时  0ms
7    风  电  闭  锁  常 闭
8    瓦  斯  闭  锁  常 闭
9    保  存  整  定  放 弃
10   返  回  上  屏
```

图3-34 "保护整定"屏

图3-34中第1行"系统电压"项是电网电压选择，可选"1140伏"或"660伏"。第2行"整定电流"项是过载保护与短路保护的动作定值依据，可调范围为5~400 A，以5 A为一个变化间隔递增。第3行"短路倍数"项是短路电流/整定电流的比值，3.0~10.0连续可调，步长为0.1。第4行"欠压保护"项是欠压保护功能选择，可选"打开"或"关闭"。第5行"系统状态"项是开关在电网中的位置选择，可选"总开关"或"分开关"，注意应与开关侧板上的开关K一致。第6行"漏电延时"项是选择性漏电保护动作延时时间，0~250 ms连续可调。第7行"风电闭锁"项是风电闭锁保护87号、88号外接常开、常闭接点功能选择，可选外控接点为"常开"或"常闭"。第8行"瓦斯闭锁"项是瓦斯闭锁保护86号、88号外接常开、常闭接点功能选择，可选外控接点为"常开"或"常闭"。第9行"保存整定"项是可选"放弃"或"执行"。修改完整定内容后，只有选中"执行"时，本次修改的内容才存入保护单元，否则返屏后维持原整定内容不变。

（6）"装置设置"屏，如图3-35所示。

```
1    通  信  地  址  99
2    波  特  率  4800
3    电  度  清  零  放 弃
4    累  计  清  零  放 弃
5    追  忆  清  零  放 弃
6    时  钟  设  置
         07-04-26 08：00
7    返  回  上  屏
```

图3-35 "装置设置"屏

图3-35中第1行"通信地址"项是本保护单元在通信网络中的地址选择，可选范围

1~99。第 2 行"波特率"项是本保护单元通信速率选择，可选 1200 bps、2400 bps、4800 bps、9600 bps。第 3 行"电度清零"项是信息清零选择，可选"放弃"或"执行"。第 4 行"累计清零"项是"累计信息"中"累计故障"与"短路跳闸"次数清零选择，可选"放弃"或"执行"。第 5 行"追忆清零"项是"故障追忆"信息清零选择，可选"放弃"或"执行"。第 6 行"时钟设置"项是日历时钟的校准、修改。

三、其他操作说明

(1)"保护试验"屏是本开关的自检信息，使用前应显示完好。

(2)"出厂设置"屏只能在分闸状态时才能进入，该屏包含本保护的重要参数，其中数值不得随意更改，否则将影响计算精度。

(3)"漏电试验"按钮：在开关分闸状态按该按钮显示漏电闭锁值；在开关合闸状态按该按钮开关跳闸并显示漏电故障。

(4)短路保护部分支持相敏短路保护功能，应保证正确的相序接线，开关合闸后若功率显示值为零或偏小，应改变相序接线至功率显示正常。

四、馈电开关的维护与安装

(1)定期清除污垢、锈斑，检查接线装置、保护接地装置，防爆面定期涂防锈油，转动轴及时加润滑油。

(2)安装前应仔细检查连接螺栓等紧固件是否松动，是否有散落的异物。

(3)检查馈电开关的技术参数与使用条件是否相符，并将综合保护器的保护整定屏根据实际工作电流进行整定。

(4)应保证辅助接地线 FD 和主接地线之间距离大于 5 m，且接地良好。

(5)当使用总开关与分开关组成配电系统使用时，除了按"整定方法"中的规定将开关分别整定为"总开关"与"分开关"外，应注意一台变压器二次侧系统只能有一台总开关存在，以确保漏电保护动作值的准确性。

(6)应对所有功能，按操作方法进行试运行，一切正常后，方可正式投入运行。

五、常见故障及排除

馈电开关的常见故障及排除见表 3-4。

表 3-4　馈电开关的常见故障及排除

故　　障	原　　因	排　　除
"电源"位时无显示	电源没有加到保护插件上或显示面板上	1. 检查矩形插座，电压为 100 V。 2. 检查变压器输出、输入端电压保险管等。 3. 将显示板连线插接牢固
跳闸试验不动作	没有 55 V 电源	检查分励电路和 FU5 熔断器

表 3-4（续）

故　　障	原　　因	排　　除
按"合闸"按钮不合闸	J₃ 不吸合	1. 检查合闸线路和保护器。 2. 检查 127 V 线路。 3. 检查整流桥是否损坏
电压或电流显示不正常	1. 变压器二次侧输出故障。 2. 电流互感器连线故障	1. 检修变压器。 2. 查线
漏电不跳闸	检测回路故障	查保护中的滤波板上相关器件

六、实训步骤

1. KBZ-400 矿用隔爆真空智能型馈电开关安装调试步骤

1）实训准备

（1）分组准备。在实习指导教师的组织下，由实习学生参与，根据场地及工位情况将全体人员分成若干小组并制定小组负责人。

（2）场地、设备及材料准备。在实习指导教师的指导下，由实习学生参与进行实习场地的整理、实习设备的布置及材料的分发。

（3）仪器、仪表及电工工具准备。在实习指导教师的指导下，由实习学生参与进行实习用的仪器、仪表的布置或分配及电工工具的分发。

2）开关门操作

（1）说明具体的机械闭锁关系。由学生说明该真空馈电开关中的机械闭锁关系存在于哪些电气元件之间或哪些部分之间。

（2）指出机械闭锁的具体情况。由学生针对具体的真空馈电开关说明其机械闭锁的详细情况及操作的注意事项和要求。

（3）完成开关门操作。在实习指导教师的指导下，由学生按照要求和正确的步骤打开真空馈电开关的门盖。

3）抽出机芯

（1）熟悉电气元件。在实习指导教师的指导下，认识电气元件及熟悉电气元件的作用。

（2）查找接线。在实习指导教师的指导下，学生根据电路图并依照实物对应关系查找相应接线。

4）实验与整定

（1）低压馈电综合保护器的试验。在实习指导教师的许可和监护下，送入 50 V 交流电对低压馈电综合保护器的试验性能进行检测。

（2）ZNBH-Ⅱ型智能化综合保护器工作参数整定。在实习指导教师的监护下，根据规定的供电，逐一完成综合保护装置各项参数的整定。

5）完成接线

（1）内部接线。试验与整定完毕，进行内部导线的恢复。

（2）按工艺要求完成 KBZ-400/1140 矿用隔爆真空智能型馈电开关与低压 1140 V 电源的连接，并进行全面检查。

6）调试后通电试运行

完成调试后，要在实习指导教师的许可和监护下送电试运行，以观察真空馈电开关的运行情况。

（1）通电。在实习指导教师的许可和监护下，按送电的正确顺序进行送电。

（2）运行。详细观察运行状态并仔细记录试运行参数。

（3）断电。按正确的断电顺序进行断电操作。

7）清理现场

操作完毕，学生在指导教师的监护下关闭电源并拆线；收拾工具器材、仪表及设备，整理工作场所并请指导教师验收。

2. KBZ-400 矿用隔爆真空智能型馈电开关的故障排除步骤

1）实训准备

（1）分组准备。在实习指导教师的组织下，由实习学生参与，根据场地及工位情况将全体人员分成若干小组并制定小组负责人。

（2）场地、设备及材料准备。在实习指导教师的指导下，由实习学生参与进行实习场地的整理、实习设备的布置及材料的分发。

（3）仪器、仪表及电工工具准备。在实习指导教师的指导下，由实习学生参与进行实习用的仪器、仪表的布置或分配及电工工具的分发。

2）开关门操作

（1）说明具体的机械闭锁关系。由学生说明该真空馈电开关中的机械闭锁关系存在于哪些电气元件之间或哪些部分之间。

（2）指出机械闭锁的具体情况。由学生针对具体的真空馈电开关说明其机械闭锁的详细情况及操作的注意事项和要求。

（3）完成开关门操作。在实习指导教师的指导下，由学生按照要求和正确的步骤打开真空馈电开关的门盖。

3）故障信息收集

（1）询问故障时现场人员是否听到或看到有关的异常现象，如出现声响、火花等。

（2）详细查看故障设备外部和内部有无烧焦、脱落、裂痕等异常状况。

（3）在实习指导教师的许可和监护下送电（允许的话），进一步查看故障现象及收集相关信息。

4）故障分析

在实习指导教师的指导下，学生根据故障现象进行分析排查。

（1）针对所出故障的各种现象和信息进行原因分析，明确造成该故障各种可能的情况，并一一列出。

（2）先在电路图中标出故障范围，对照实物，列出可能的故障元件或故障部位。

（3）根据该真空馈电开关的情况、故障元件或故障部位出现的频率及查找的难易程度，明确查找故障元件或故障部位可能的次序。

5）确定故障点，排除故障

经实习指导教师检查同意后，学生根据自己对故障原因的分析，进行故障排除。

（1）依照查找故障可能的次序，选用正确的仪表、工具逐一排查，直到检查出故障元件或故障部位。

（2）选用正确的方法及合适的仪器、仪表、工具进行更换或修复电气元件等操作，以排除故障。

（3）在故障排除过程中，要规范操作，严禁扩大故障范围或产生新的故障。

6）排除故障后通电试运行

在故障排除后，要在实习指导教师的许可和监护下送电试运行，以观察真空馈电开关的运行情况，确认故障已排除。

（1）通电。在实习指导教师的许可和监护下，按送电的正确顺序进行送电。先送馈电再送磁起，再启动电动机。

（2）断电。按正确的断电顺序进行断电操作。

7）清理现场

操作完毕，学生在指导教师的监护下关闭电源、拆线；收拾工具器材、仪表及设备，整理工作场所并请指导教师验收。

学习任务三　KBSG型干式变压器

【学习目标】

（1）熟悉变压器的作用及工作原理。

（2）熟悉干式变压器的结构及电气性能。

（3）能正确使用和维护干式变压器。

（4）能检查、分析并排除干式变压器的常见故障。

【建议课时】

4课时。

【工作情景描述】

在综采工作面的综采电气设备的电源是通过变压器将高电压转变为同频率的一定等级的低电压，而综采工作面有火灾、爆炸、污染等问题存在，为了安全起见要用安全性高的变压器，即干式变压器。

学习活动1　明确工作任务

【学习目标】

（1）熟悉变压器的作用及工作原理。

（2）熟悉干式变压器的结构及电气性能。

【建议课时】

2 课时。

一、工作任务

煤矿井下采掘机械动力、照明和信号等电源都为低压，所以在煤矿井下中央变电所及采区变电所都需要通过矿用干式变压器来获得低压。矿用干式变压器将 6（10）kV 高压变为 1140 V、660 V 或 380 V 的低压。那么，干式变压器的结构、工作原理如何？如何进行操作检查、维护及故障排除？这是本课题要学习的知识。

二、相关理论知识

（一）变压器的工作原理

变压器是利用电磁感应原理制成的静止电气设备。它能将某一电压值的交流电变换成同一频率的所需电压值的交流电，以满足输电、供电及其他用途的需要。相对于油式变压器，干式变压器没有火灾、爆炸、污染等问题，适合在综采工作面作为综采电气设备的电源使用。

一台典型的单相变压器是由绕在同一个铁芯上的两个线圈构成的，如图 3-36 所示。其中，一个线圈接交流电源，匝数为 N_1，称为原边或一次侧；另一个线圈接负载，匝数为 N_2，称为副边或二次侧。

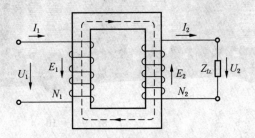

图 3-36 变压器的工作原理示意图

变压器空载运行时，一次侧、二次侧电压的大小与其线圈匝数成正比，比值为 $k=N_1/N_2$，称为匝比或变比。因此，要使一次侧、二次侧绕组有不同的电压，只需改变它们的匝数即可。

变压器接通负载阻抗 Z_{fz}，则二次侧有流过负载的电流 $I_2=I_{fz}$，此时一次侧电流为 I_1，忽略变压器的损耗、漏阻抗压降和空载电流，根据能量守恒原理，可得

$$U_1 I_1 = U_2 I_2$$

$$\frac{I_1}{I_2} \approx \frac{U_2}{U_1} \approx \frac{N_2}{N_1} = \frac{1}{k}$$

上式表明：变压器有载运行时，可近似认为一次侧、二次侧电流与其线圈匝数成反比。

（二）KBSG 型干式变压器的型号含义和结构

1. 型号含义（图 3-37）

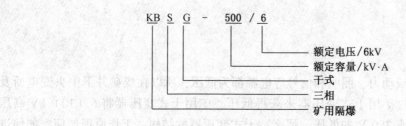

图 3-37 KBSG 型变压器的型号含义

2. 结构

KBSG-500/6 矿用隔爆型干式变压器的结构如图 3-38 所示。箱体为拱形壳体结构，两侧呈波纹状，上盖和下底均为圆弧形，装在橇形支架上。

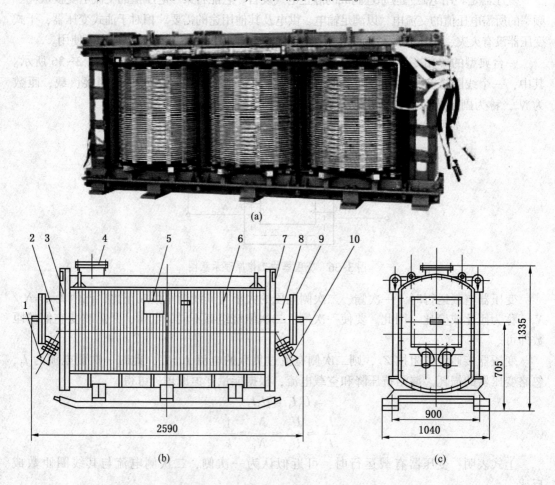

1—高压出线套；2—高压接线盒；3—高压箱盖；4—接线盒盖；5—铭牌；6—箱体；
7—低压箱盖；8—低压接线盒；9—盖板；10—低压出线套

图 3-38 KBSG-500/6 矿用隔爆型变压器的结构

（1）铁芯：铁芯材料采用国产的 D340 型 0.35 mm 厚的冷轧硅钢片或 Z11 型 0.35 mm 厚的硅钢片，用绝缘螺栓压紧成三柱芯式结构，再用螺栓固定在外壳内。为充分发挥优质硅钢片的性能，减少损耗，铁芯柱以环氧胶带绑扎。铁芯和铁轭为等截面积。为了加大散热面积，容量在 630 kV·A 以上的变压器铁芯中间设有一个 20 mm 宽的冷却气道。

（2）绕组：高、低压绕组采用多层圆筒式结构。低压绕组为三层，层间有 10 mm 宽的冷却气道。高压绕组每层的 1/3 处设有一个 10 mm 的冷却气道。绕组绕制完成后用 9111 号低温干燥有机漆进行绝缘处理，并以防潮覆盖漆喷涂或浸涂一遍进行防潮处理。装配变压器器身时，用拉杆的压钉沿轴向压紧绕组。

（3）出线套管：变压器高、低压接线盒内装有高、低压套管。变压器内部引线通过高、低压套管引出，分别与高、低压开关母线连接。高、低压两侧各有一个接线座（共 4 个端子），高压侧端子用于高、低压电气联锁接线，低压侧端子用于连接变压器内接温度继电器的两个触点。低压开关 127 V 电源用于连接变压器超温警报器。

（4）超温报警器：为了防止变压器因外界环境和负载变化时造成内部温度过高，影响变压器正常运行，在变压器低压侧安装了一只温度继电器。当变压器超过允许温升时，警报器发出变压器超温警报；当变压器温度下降到允许值以下时，警报消失，变压器可重新投入运行。

干式变压器的安全运行和使用寿命，很大程度上取决于变压器绕组绝缘的安全可靠。绕组温度超过绝缘耐受温度使绝缘破坏是导致变压器不能正常工作的主要原因之一，因此对变压器运行温度的监测及其报警控制是十分重要的。

学习活动2　工作前的准备

【学习目标】

（1）阅读 KBSG 型干式变压器说明书，掌握其正确的维护方法。

（2）掌握 KBSG 型干式变压器的常见故障检查及处理方法。

一、工具、仪表

常用电工工具 1 套，高压验电笔、十字旋具、一字旋具各 1 个，瓦检仪、万用表、2500 V 兆欧表、钳形电流表各 1 块。

二、设备

KBSG 型干式变压器。

三、材料与资料

KBSG 型干式变压器使用说明书，劳保用品、工作服、绝缘手套、绝缘鞋。

学习活动3　现场施工

【学习目标】

（1）能正确使用和维护 KBSG 型干式变压器。

（2）能检查、分析并排除 KBSG 型干式变压器的常见故障。

【建议课时】

2 课时。

【任务实施】

一、变压器使用前的检查

变压器使用前应对铁轭螺杆，夹件与铁芯间的绝缘是否良好，铁芯是否有多点接地，紧固件是否松动，各部分导体之间的绝缘距离是否符合要求，引线是否损坏等进行检查。变压器在投入运行前必须检查所有数据是否符合要求。

二、变压器运行前的准备工作

变压器投入运行前，要核对铭牌数据、铭牌电压和线路电压是否相符；要检查变压器保护接地装置是否良好；变压器绝缘是否合格等，经检查一切都符合要求后，变压器方能投入运行。

三、变压器的运行标准

（1）允许温升：变压器运行时，在正常条件下不得超过绝缘材料所允许的温度。

（2）允许负荷：变压器有负荷时，因铜损和铁损而发热，负荷越大，发热越多，温升越高。当变压器负荷足够大时，变压器可能超过允许温升，这样容易损坏绝缘。为此，变压器运行有一允许的连续稳定的负荷，即变压器运行时一般要求不得超过铭牌所规定的额定值。

（3）允许电压变动：运行中加于变压器的电压可等于或小于变压器的额定电压，由于变压器铁芯磁化后过饱和的关系，即使向变压器加以较小的过电压，也会引起磁感应不均匀地大量增加。变压器中磁感应越大，电压高次谐波越多，空载电流也就越大，空载电流增大，高次谐波使电压波形畸变越尖锐，这对较高电压的变压器特别危险。根据所述，规定变压器外加电压一般不超过所在分接头额定值 105%，并要求变压器二次侧电流不大于额定值。

（4）绝缘电阻允许值：一般使用 1000~2500 V 兆欧表测量绝缘电阻值。衡量变压器绝缘状态的基本方法是把运行过程中所测得的绝缘电阻值与运行前所确定的原始数据相比较。测量时，在环境湿度相同的条件下，如果绝缘电阻值剧烈下降至初值的 50% 或更低，即认为不合适。

四、变压器的维护

（1）检查瓷套管是否清洁，有无裂纹及放电痕迹。

（2）检查变压器声音是否正常。

（3）检查安全气道的玻璃膜是否完好。

（4）检查变压器接地是否良好。

五、变压器的常见故障现象、故障原因及处理方法

KBSG 型干式变压器的故障现象、故障原因及处理方法见表 3-5。

表 3-5 KBSG 型干式变压器的故障现象、故障原因及处理方法

常见故障	故障原因	处理方法
外壳过热或发热不均匀	1. 过负荷。 2. 线圈绝缘差或老化，引起局部漏电。 3. 铁芯损失超限	1. 检查使用负荷情况并予以调整。 2. 用兆欧表测量绝缘，修理破损处或更换线圈。 3. 拆开铁芯，处理绝缘，紧固铁芯螺栓
线圈绝缘破坏	一次电压过高	调整一次电压
变压器本身产生不正常的声音	1. 线圈绝缘损坏。 2. 铁芯固定螺钉松动。 3. 硅钢片绝缘不好。 4. 前级电流出现两相电	1. 用兆欧表检查、处理绝缘。 2. 紧固螺钉。 3. 更换硅钢片。 4. 大修处理
经过短时运行后，温升超限	1. 线圈局部短路。 2. 负荷超过太多	1. 大修处理。 2. 调整负荷
经常发现二次电压大大降低	1. 供电线路电压降太大。 2. 二次线圈有局部短路。 3. 一次侧电压偏低	1. 调整负荷。 2. 检查并修理。 3. 调高一次端电压
外壳带电	1. 套管漏电。 2. 引线与变压器外壳距离太近。 3. 内部漏电	1. 更换或去污。 2. 查明原因予以消除。 3. 查明原因进行检修
保护装置动作	1. 内部严重短路，铁芯发热。 2. 外部短路或过负荷	1. 查明故障性质，进行处理。 2. 检查外部原因
线圈发生机械破损	1. 变压器的引出线短路，使线圈受电磁力而变形。 2. 在运输或安装中碰撞	1. 检修线圈。 2. 修复碰撞部位
绝缘电阻太低或吸收比接近于 1	1. 线圈受潮或老化。 2. 套管闪烁、轻微漏电或破损	1. 烘干线圈或大修。 2. 烘干套管或更换

六、实训步骤

1. 实训准备

（1）分组准备。在实习指导教师的组织下，由实习学生参与，根据场地及工位情况将全体人员分成若干小组并制定小组负责人。

（2）场地、设备及材料准备。在实习指导教师的指导下，由实习学生参与进行实习场地的整理、实习设备的布置及材料的分发。

（3）仪器、仪表及电工工具准备。在实习指导教师的指导下，由实习学生参与进行实习用的仪器、仪表的布置或分配及电工工具的分发。

2. 变压器的检查

（1）外部检查：变压器运行情况、使用环境、变压音响的性质"嗡嗡"声是否大，有无新的音调发生，电缆和母线有无异常现象，变压器温升情况等，并做好相应记录。

（2）器身检查：①检查所有的螺栓是否松动，器身有无位移，铁芯有无变形。②用兆欧表测量穿心螺杆与铁芯、轭铁与夹铁之间的绝缘情况。③检查线圈绝缘层是否完整无损，有无位移和潮湿现象；线圈压钉是否紧固，上下部绝缘应牢固不松动。④线圈引出线绝缘是否良好，接线端接触是否良好，带电体间距是否符合要求。⑤线圈引出线有无放电痕迹，一次侧、二次侧之间和对地绝缘是否达到要求。上述检查结果做好相应记录。

3. 故障信息收集

（1）变压器的声音正常与否。

（2）详细查看变压器外部和内部有无烧焦、脱落、裂痕等异常状况。

（3）在实习指导教师的许可和监护下送电（允许的话），进一步查看故障现象及收集相关信息。

（4）保护装置的动作情况。

4. 故障分析

在实习指导教师的指导下，学生根据故障现象进行分析排查。

（1）针对所处故障的各种现象和信息进行原因分析，明确造成该故障各种可能的情况，并一一列出来。

（2）先确定变压器故障范围，对照实物列出可能的故障元件或故障部位。

（3）根据该变压器的情况、故障元件或故障部位出现的频率及查找的难易程度，明确查找故障元件或故障部位可能的次序。

5. 确定故障点，排除故障

经实习指导教师检查同意后，学生根据自己对故障原因的分析，进行故障排除。

（1）依照查找故障可能的次序，选用正确的仪表、工具逐一排查，直到检查出故障元件或故障部位。

（2）选用正确的方法及合适的仪器、仪表、工具进行更换或修复与电气元件等操作，以排除故障。

（3）在故障排除过程中，要规范操作，严禁扩大故障范围或产生新的故障。

6. 排除故障后通电试运行

在故障排除后，要在实习指导教师的许可和监护下送电试运行，以观察变压器的运行情况，确认故障已排除。要求：在实习指导教师的许可和监护下进行送电、断电操作。

7. 清理现场

操作完毕，学生在指导教师的监护下关闭电源；收拾工具器材、仪表及设备，整理工作场所，并请指导教师验收。

学习任务四　KBSGZY 系列矿用隔爆型移动变电站

【学习目标】

（1）了解 KBSGZY 系列矿用隔爆型移动变电站的结构组成。
（2）理解 KBSGZY 系列矿用隔爆型移动变电站的工作原理。
（3）会安装和维护 KBSGZY 系列矿用隔爆型移动变电站。
（4）会操作 KBSGZY 系列矿用隔爆型移动变电站。

【建议课时】

8 课时。

【工作情景描述】

随着综合机械化采煤工作面的大量出现，采区变电所距工作面距离加长，单机容量和设备容量都很大。为了缩短工作面供电距离，既经济又能保证供电质量，需要将高压深入负荷中心，并使工作面电压提高到 1140 V，这就产生了适应综合机械化采煤特点供电设备，即矿用隔爆移动变电站，它是一种具有变压及高、低压控制和保护功能并可随工作面移动的组合供电设备。

学习活动 1　明确工作任务

【学习目标】

（1）了解 KBSGZY 系列矿用隔爆型移动变电站的结构组成。
（2）掌握 KBSGZY 系列矿用隔爆型移动变电站的工作原理。

【建议课时】

4 课时。

一、工作任务

KBSGZY 系列矿用隔爆型移动变电站是一种可移动的成套供、变电装置。它适用于有甲烷混合气体和煤尘等有爆炸危险的矿井中。可将 6 kV 电源转换成 693（660）V、1200（1140）V、3450（3300）V 煤矿井下所需的低压电源。那么，本设备的结构原理如何？如何进行操作维护？并按要求了解或掌握相关知识。

二、相关理论知识

KBSGZY 系列矿用隔爆型移动变电站适用于煤矿井下和周围介质中含甲烷混合气体和煤尘，并且有爆炸危险的环境中。在额定频率为 50Hz，一次侧电压为 10 kV 或 6 kV、中性点不接地的三相电力系统中运行，为煤矿井下的各种动力设备和各种用电装置提供电源。它具有较完善的短路、过载、漏电、欠压保护功能，高压开关与低压开关之间及高压开关与上一级高压配电装置之间具有电气联锁，高压开关具有开盖电气联锁和移动变电站具有超温报警功能。

（一）KBSGZY 系列矿用隔爆型移动变电站的型号及含义（图 3-39）

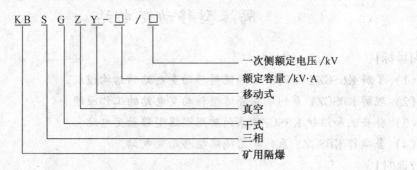

图 3-39　移动变电站的型号及含义

（二）KBSGZY 系列矿用隔爆型移动变电站的结构

1. 移动变电站的组成

图 3-40 所示为 KBSGZY 系列矿用隔爆型移动变电站的外形图。移动变电站由矿用隔爆型高压负荷开关（或矿用隔爆型高压真空配电装置）、矿用隔爆型干式主变压器和矿用隔爆型低压馈电开关（或矿用隔爆型低压智能保护箱）三部分用螺栓固定成一个整体，安装在车架上，车架下有轮子，可沿轨道移动。它们的结构分别如图 3-41~图 3-43 所示。

图 3-40　KBSGZY 系列矿用隔爆型移动变电站

2. 移动变电站的结构特点

（1）干式变压器箱体均由钢板焊接而成。箱体侧面采用瓦楞钢板结构，既可以增加箱体的强度，又可增加散热面积。

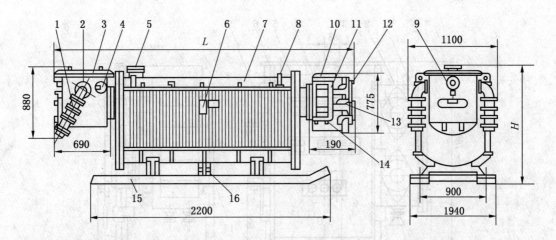

1—高压电缆连接器；2—弯接头；3—高压负荷开关；4—观察窗；5—高压接线盒盖；
6—铭牌和电气系统图；7—主变压器；8—吊环；9—高压开关操作手柄；10—低压馈电开关；
11—低压接线腔；12—仪表；13—电力电缆出线口；14—控制电缆出线口；15—小车；16—车架

图 3-41　KBSGZY 系列矿用隔爆型移动变电站结构图

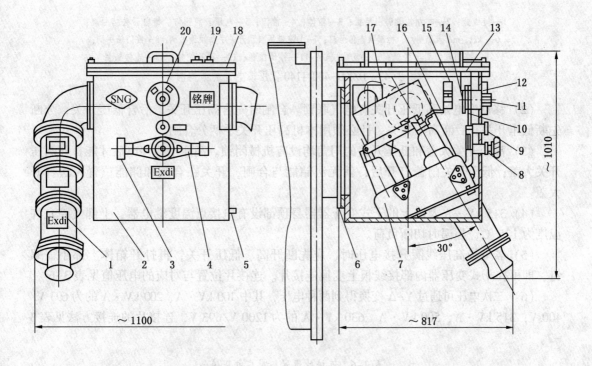

1—电缆进线插销；2—隔爆箱体；3—锁钉；4—操作手柄；5—外接地螺钉；6—变压器进线盒法；
7—负荷开关；8—联锁按钮；9—急停按钮；10—拉杆；11—机构轴；12—操动机构；13—安全联锁按钮；
14—终端元件；15—接线板与内接地；16—橡套引线；17—观察窗；18—护框；19—螺母；20—分、合闸指示器

图 3-42　FB-6 高压负荷开关结构图

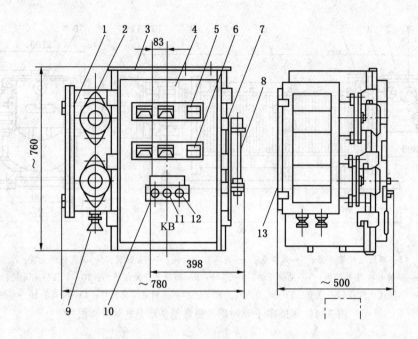

1—接线盒；2—电力电缆引出装置；3—箱体；4—前门；5—电压表照明灯、馈电开关信号灯；
6—kΩ、mA表照明灯、检漏状态信号灯；7—DW低压自动开关手动操作手柄；8—前门轮手柄；
9—控制电缆引出装置；10—复位按钮；11—补偿按钮；12—试验按钮；13—连接法兰

图 3-43 DZKD-400/1140 低压馈电开关结构图

（2）移动变电站高低压开关有电气联锁。合闸时先合高压开关，后合低压开关；分断先断低压开关，后断高压开关，且必须用本机高压开关手柄分合闸。

（3）高压开关大盖和低压开关的门盖均设有机械闭锁。高压电缆停电后才能打开高压开关大盖；低压开关门盖打开后，就无法储能与合闸，开关在合闸和储能位置无法打开大盖。

（4）315 kV·A 及以上的干式变压器器身顶部设有电接点温度继电器，上部气腔允许温度为 125 ℃，超温时切断负荷。

（5）若变换高压线圈分接电压时，应先断开高、低压开关，再打开箱体上部小盖螺钉，即可在干式变压器内部接线板上变换连接片。连接片位置与对应的电压值见表3-6。

（6）二次电压可通过 Y-Δ 变换得到两种电压，其中 100 kV·A、200 kV·A 的为 693 V/400 V；315 kV·A、500 kV·A、630 kV·A 的为 1200 V/693 V，连接片的连接方法见表3-7。

表3-6 连接片位置与对应电压值

连接片所在位置	分接电压/V			
x_1—y_1—z_1	额定	6000	+5%	6300
x_2—y_2—z_2	-4%	5760	额定	6000
x_3—y_3—z_3	-8%	5520	-5%	5700

表 3-7 连接片的连接方法

星形连接	三角形连接
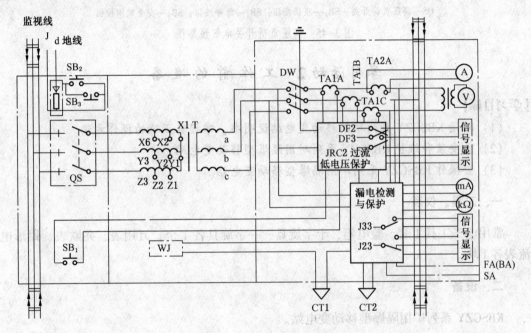	

三、KBSGZY 系列矿用隔爆型移动变电站电气系统

KBSGZY 系列矿用隔爆型移动变电站电气系统如图 3-44 所示，高压负荷开关电气线路图如图 3-45 所示。

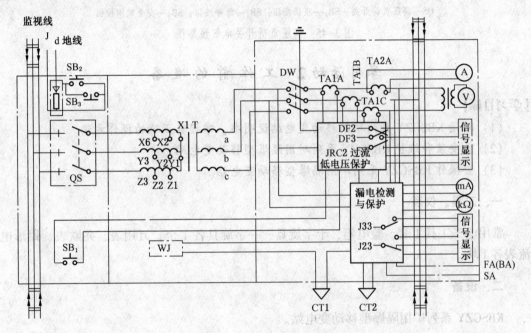

QS—高压负荷开关；T—干式动力变压器；SB₁—联锁按钮；WJ—温度继电器；DW—低压自动（真空）开关

图 3-44 KBSGZY 系列矿用隔爆型移动变电站电气系统图

移动变电站的高压负荷开关 FK 和低压馈电开关 ZK 之间有电气联锁，以保证分断时低压开关先分闸，合闸时高压开关先合闸。如果发生误操作，先分断高压负荷开关时，因为高压负荷开关设有低压联锁按钮 SB₁，通过低压馈电开关箱中半导体脱扣器使低压馈电开关先分断，达到不使高压负荷开关带负荷分断的目的。

高、低压开关箱都设有开盖联锁装置，高压负荷开关设有安全跳闸按钮 SB₃，打开箱盖时按钮 SB₃接点接通，上一级断路器跳闸；低压开关箱盖装有联锁螺杆，保证在合闸状态下不能打开箱盖或箱盖打开时无法合闸。

低压馈电开关箱内装有半导体脱扣器和检漏继电器，对变电站运行中的过载、短路、失压、漏电等故障进行保护。

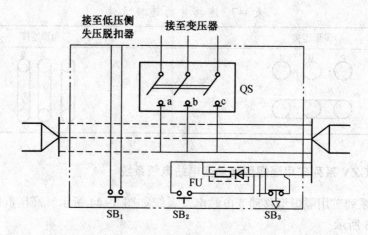

QS—高压负荷开关；SB₁—联锁按钮；SB₂—急停按钮；SB₃—安全跳闸按钮

图3-45　高压负荷开关电气线路图

学习活动 2　工作前的准备

【学习目标】

（1）阅读 KBSGZY 系列矿用移动变电站说明书，掌握其正确的操作方法。

（2）会安装和维护 KBSGZY 系列矿用隔爆型移动变电站。

（3）会操作 KBSGZY 系列矿用隔爆型移动变电站。

一、工具、仪表

常用电工工具 1 套，验电笔、十字旋具、一字旋具各 1 个，万用表、兆欧表、钳形电流表各 1 块。

二、设备

KBSGZY 系列矿用隔爆型移动变电站。

三、材料与资料

KBSGZY 系列矿用隔爆型移动变电站使用说明书，劳保用品、工作服、绝缘手套、绝缘鞋。

学习活动 3　现　场　施　工

【学习目标】

（1）会安装和维护 KBSGZY 系列矿用隔爆型移动变电站。

（2）会操作 KBSGZY 系列矿用隔爆型移动变电站。

【建议课时】

4 课时。

【任务实施】

一、KBSGZY 系列移动变电站的操作方法

1. 合闸

先将高压负荷开关（图3-42）的锁钉拧下，手柄套在机构轴上，顺时针拨到合闸位置，合闸指示器指在"合"的位置上，然后将手柄放回原处，并将手柄上的闭锁螺栓拧入，使限位闭锁开关的触点接通。控制电源开关接通后，低压馈电开关（图3-43）仪表照明灯5、6亮，低压馈电开关分闸指示灯黄灯亮，检漏继电器未投入工作指示灯黄灯亮，表示控制电源变压器和保护电路有电。按下低压馈电开关复位按钮，检漏指示灯绿灯亮、黄灯灭（说明低压电网绝缘良好），检漏继电器投入工作，千欧表有绝缘电阻指示，欠压线圈有电吸合，允许合闸。逆时针方向转动馈电开关120°储能，然后顺时针转回原来位置，馈电开关即合闸。合闸后，合闸指示灯绿灯亮，分闸指示灯黄灯灭，电压表有电压指示。

2. 分闸

按动停车按钮，欠压线圈失电、真空开关DW跳闸。若需真空开关DW与电源脱开，可将高压负荷开关手柄拨到分断位置，并将其手柄锁定住。

3. 试验

为了检验真空开关的过载、短路保护功能，低压馈电开关设有试验按钮（图3-43）。当开关在合闸状态时，按下试验按钮，超过动作整定值的电压信号输入信号板动作电路，使欠压线圈失电，分励线圈得电，真空开关DW跳闸，说明开关的保护电路正常，可以投入送电运行；否则，检查跳闸控制电路和器件或者机械部件是否有故障。

4. 急停

为了在紧急情况能迅速切断电源，高压负荷开关设有急停按钮（图3-42）。按下急停按钮时，上级及本级开关断电。

二、KBSGZY 系列移动变电站使用注意事项

（1）移动变电站投入运行前应详细阅读说明书、产品铭牌、线路图；检查容量、电压等级，接线组别及地面试验报告能否满足使用要求。

（2）移动变电站投入运行前严格检查如下内容：

①所有壳体、零部件和观察窗等有无损坏现象。

②所有隔爆结合面有无损伤，隔爆间隙是否符合规定要求。

③操作机构应灵活，各部按钮应无卡阻现象，紧固件无松动，电气连接件接触良好可靠，进出电缆应压紧和密封。

④变电站各部分电气绝缘性能良好。

⑤移动变电站接地系统是否符合要求，主接地极和辅助接地极距离不得小于5 m，接地电阻不大于2 Ω。

（3）各部检查无误后方可合高压负荷开关，变电站空载运行。

（4）合上低压馈电开关的电源隔离开关并按下复位按钮，检查各信号灯指示是否正常，检漏继电器是否投入工作。空气开关合闸送电后，可检查各信号灯及仪表指示是否正常。调节网路电容电流补偿数值。

（5）为了检验井下安装竣工的移动变电站的检漏继电器是否动作灵敏可靠，必须进行现场试验。第一次现场试验时，需分别进行就地试验和远方试验。

就地试验：按下试验按钮，馈电开关跳闸，开关状态及检漏继电器状态显示灯符合要求。

远方试验：在移动变电站低压馈电开关所保护的远端选一台磁力启动器，设置电阻等于动作电阻，接在磁力启动器负荷侧任一火线和地线之间的接线柱上。低压馈电开关合闸送电，磁力启动器合闸送电，移动变电站低压馈电开关立即跳闸，并指示漏电显示，可认为低压馈电开关漏电保护良好。

三、KBSGZY 系列移动变电站的安装和维护

1. 安装

（1）移动变电站安装前，应仔细检查在运输过程中是否遭到损坏；螺栓是否松动；各种操作手柄及按钮是否灵活；高压配电装置观察窗是否损坏；低压保护箱上的仪表、状态指示灯是否损坏，发现问题及时解决。

（2）详细检查箱体，尤其波纹板部分有无因运输不当或其他原因造成损伤，检查各防爆间隙应符合表 3-8 要求，方可投入使用。

表 3-8   KBSGZY 系列矿用隔爆型移动变电站隔爆间隙

位　　　置	间隙/mm
高压配电开关与箱盖之间	0.5
低压侧综保与箱盖之间	0.5
出线箱的法兰间隙	0.5
低压箱盖的法兰间隙	0.5
按钮及操作杆	0.4
高压侧主变外壳与箱盖之间	0.5
低压侧主变外壳与箱盖之间	0.5

（3）应详细检查容量、电压、联结组别是否符合安装要求。

（4）为保证移动变电站可靠运行，应垂直安装；如受条件限制，则与垂直面的倾斜度不超过 15°。

（5）外壳可靠接地，辅助接地线在离主接地点 5 m 可靠接地。

（6）安装前，对移动变电站设备进行试运行。

（7）改换高压电压。如变换高压电压时，要先切断电源，然后打开箱壳顶部的分热线盒盖，按表 3-9 连接片进行换接。

表 3-9 高压侧电压变换表

连接片位置	电压/kV	
$x_1—y_1—z_1$	6.3	10.5
$x_2—y_2—z_2$	6.0	10.0
$x_3—y_3—z_3$	5.7	9.5

（8）改变低压联结组别。如需改接低压联结组别，先切断电源，再打开低压侧箱盖，按表3-10所列的连接片位置进行换接。

表3-10 低压侧联结组别变换表

1200 V/693 V （y/d）		693 V/400 V （y/d）	
c b a o o o o—o—o x z y	1200 V y接	c b a o o o o—o—o x z y	693 V y接
c b a o o o | | | o o o x z y	693 V d接	c b a o o o | | | o o o x z y	400 V d接

2. 维护

移动变电站投入运行后，值班操作工每班至少检查变压器三次，发现声音异常、温升变化大等情况时应立即汇报，有关领导要及时组织人员对该变压器进行检查处理。值班维修电工应对分管范围内的设备进行巡视检查，并做好记录。每隔1～2个月要对变压器的高低压接线柱进行检查，紧固一次。定期对防爆面进行涂凡士林和防锈蚀处理。

（1）应定期清除在高、低压侧电气开关处的污垢、锈斑，并在各隔爆面上涂薄薄的一层防锈油脂。

（2）检查高、低压侧电气开关的外壳有无损坏，电缆进、出线装置是否牢靠。

（3）检查高、低压侧电气开关的按钮是否灵活可靠。

（4）检查变压器内部有无异常。

（5）检查变压器的电缆头有无过热、放电现象，发现应及时处理。

（6）及时清扫变压器表面尘垢，检查接地线是否完好、紧固。

四、KBSGZY系列移动变电站安装调试的实训步骤

1. 实训准备

（1）分组准备。在实习指导教师的组织下，由实习学生参与，根据场地及工位情况将全体人员分成若干小组并制定小组负责人。

（2）场地、设备及材料准备。在实习指导教师的指导下，由实习学生参与进行实习场地的整理、实习设备的布置及材料的分发。

（3）仪器、仪表及电工工具准备。在实习指导教师的指导下，由实习学生参与进行实习用的仪器、仪表的布置或分配及电工工具的分发。

2. 开关门操作

（1）说明具体的机械闭锁关系。由学生说明该移动变电站中的机械闭锁关系存在于哪些电气元件之间或哪些部分之间。

（2）指出机械闭锁的具体情况。由学生针对具体的移动变电站说明其机械闭锁的详细情况及操作的注意事情和要求。

（3）完成开关门操作。在实习指导教师的指导下，由学生按照要求和正确的步骤打开移动变电站的门盖。

3. 移动变电站的结构

（1）熟悉移动变电站的内外结构。在实习指导教师的指导下，认识移动变电站的组成部分，各部分之间有哪些元器件，并熟悉其作用。

（2）查找接线。在实习指导教师的指导下，由学生根据电路图并依照实物对应关系查找相应接线。

4. 实验与整定

（1）低压馈电开关半导体脱扣器和检漏继电器的试验。在实习指导教师的许可和监护下，送入交流电对低压馈电开关半导体脱扣器和检漏继电器的试验性能进行检测。

（2）低压馈电开关半导体脱扣器和检漏继电器的工作参数整定。在实习指导教师的监护下，根据规定的供电，逐一完成半导体脱扣器和检漏继电器各项参数的整定。

5. 完成接线

（1）内部接线。试验与整定完毕，进行内部导线的恢复。

（2）按工艺要求完成 KBSGZY 型移动变电站与 6 kV 高压、1140 V（或 660 V）低压的连接，并进行全面检查。

6. 调试后通电试运行

完成调试后，要在实习指导教师的许可和监护下送电试运行，以观察 KBSGZY 型移动变电站的运行情况。

（1）通电。在实习指导教师的许可和监护下，按送电的正确顺序进行送电。

（2）运行。详细观察运行状态并仔细记录试运行参数。

（3）断电。按正确的断电顺序进行断电操作。

7. 清理现场

操作完毕，学生在指导教师的监护下，关闭电源，拆线；收拾工具器材、仪表及设备，整理工作场所，并请指导教师验收。

学习任务五　QJZ-400/1140 矿用隔爆兼本质安全型真空电磁启动器

【学习目标】

（1）了解 QJZ-400/1140 矿用隔爆兼本质安全型真空电磁启动器的用途和结构。

（2）理解 QJZ-400/1140 矿用隔爆兼本质安全型真空电磁启动器的工作原理。

（3）能够正确操作 QJZ-400/1140 矿用隔爆兼本质安全型真空电磁启动器。

（4）能对 QJZ-400/1140 矿用隔爆兼本质安全型真空电磁启动器的常见故障进行分析和排除。

【建议课时】

8 课时。

【工作情景描述】

在煤矿井下使用的采掘运机械设备，需要用电磁启动器来进行控制，在这里可以使用 QJZ-400/1140 矿用隔爆兼本质安全型真空电磁启动器（以下简称启动器）进行控制。为正确操作启动器，并能对其常见故障进行排除，需要学习该设备的用途、结构、电气工作原理及基本操作等知识。

学习活动1 明确工作任务

【学习目标】

（1）了解启动器的用途、型号含义和结构特点。

（2）理解启动器的工作原理。

【建议课时】

4 课时。

一、工作任务

对于采掘运机械设备要进行正确的控制与操作，我们现在利用启动器实现对这类设备的控制及操作，需要了解该启动器的用途、结构、电气工作原理，能正确操作该设备，并能进行维护保养，重点是启动器的使用与操作。

二、相关理论知识

（一）用途和结构

1. 用途及型号含义

1）用途

启动器适用于具有爆炸性危险气体和煤尘的工作环境，在交流 50Hz、额定电压 1140 V 或 660 V 的供电系统中，控制额定电流 400 A 及以下的三相鼠笼型异步电动机的直接起动、停止及反转，同时对电动机及有关电路进行保护。启动器有瓦斯、风电闭锁等功能。保护带有隔离的 RS485 串行通信接口，支持"四遥"功能，便于接入井下电网自动化系统。本开关具有单机近控、单机远控、程控近控、程控远控、瓦斯、风电闭锁等功能。

2）型号含义（图 3-46）

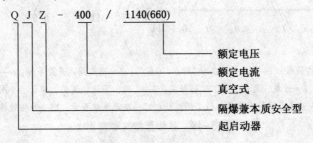

图 3-46 启动器的型号含义

2. 结构

启动器由安装在撬形底座上的方形隔爆外壳和芯架小车组成，如图3-47所示。

图3-47　启动器外形图

1）方形隔爆外壳

隔爆外壳为上下腔结构，上腔为接线腔，下腔为主腔（图3-48）。启动器的输出电缆和控制电缆的连接，均采用压盘式引入装置。

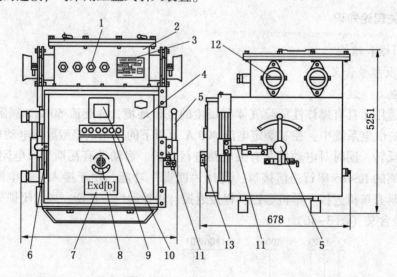

1—控制线接线嘴；2—接线腔；3—铭牌；4—前门；5—换相隔离开关手柄；6—操作手柄；

7—防爆标志；8—过载、漏电、正常试验开关；9—上选、下选、复位、确认、合闸、分闸按钮；

10—液晶显示屏观察窗；11—闭锁杆；12—电源线接线嘴；13—外接地螺栓

图3-48　启动器结构示意图

图 3-49 启动器前门

(a) 操作手柄

(b) 保护接地装置

(c) 机械闭锁装置及换相隔离开关

图 3-50 启动器箱体外部

启动器的前门采用快开门结构（图3-49）。开门时，先顺时针转动门右侧闭锁孔里的门闭锁螺栓，直至螺栓完全脱离前门闭锁插入手柄转轴凹槽，然后将门操作手把向左转，门向右平移脱离卡板后，门沿铰链轴旋转打开。前门与隔离开关有可靠的机械联锁，保证只有隔离开关在断开的位置时，前门才能打开。前门打开后，以正常的操作方式不能闭合隔离开关（图3-50、图3-51）。

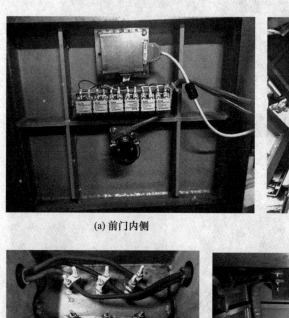

(a) 前门内侧　　　　　　　　　　　　(b) 轨道及底架

(c) 接线腔　　　　　　　　　　　　(d) 箱体内部

图3-51　启动器箱体内部

隔离开关操作手柄有正向、停止、反向三个位置。隔离开关与真空接触器之间通过隔离开关的辅助触点来实现电气联锁，这样就可以避免隔离开关带负荷分断，紧急情况下，如接触器触头粘连，允许隔离开关非正常的带负荷切断电源。

2）芯架小车

启动器的组成元件（真空接触器、隔离换相开关、控制变压器、电流互感器、熔断器、中间继电器、阻容吸收器、综合保护器、显示器、控制按钮）均安装在芯架小车上，启动器前门打开后芯架小车可沿导轨拉出，便于安装和维修。

芯架小车与箱体的电气连接采用插接方式，芯架上的导电插板是依靠小车架上的螺旋机构插入箱体的插座上，如图3-52所示。

(a) 芯架小车外形

(b) 隔离开关

(c) ZNDB 智能保护器

(d) 开关电源

(e) 1140V/660V 换接接线柱、噪声滤波器、熔断器

(f) 控制变压器

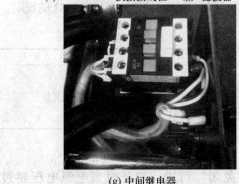
(g) 中间继电器

(h) RC 阻容吸收器、真空接触器、电流互感器

图 3-52 启动器芯架小车

（二）元件功能与作用

（1）GHK——隔离换向开关（GHK-400/1140），"正向、停止、反向"三个挡位。

（2）T——电源变压器（1140 V、660 V/100 V、36 V×2），电压变换。

（3）LH1、LH2、LH3——电流互感器（400A/0.2A），电流变换，取样。

（4）KT——开关电源，交直转换。

（5）CB——噪声滤波器（DL-3DX3），滤波作用。

（6）CKJ——接触器（CKJ5-400/1140），主回路停送电控制。

（7）J1——中间继电器（JCZ4-22/36 V），合闸控制。

（8）DK——转换开关（2W6D-2B071），漏电、过载试验控制。

（三）主要技术参数及技术性能

1. 主要技术参数

（1）额定电压：1140 V 或 660 V。

（2）额定电流：400 A。

（3）接通分断能力：接通 4000 A、分断 3200 A。

（4）极限分断能力：4500 A。

（5）机械寿命：接触器不小于 30 万次。

（6）隔离换向开关分断能力：1200 A。

（7）工作制：8 小时工作制及断续周期工作制。

（8）启动器先导控制电路为本质安全型，正常工作时直流本安电压不大于 6 V，直流本安电流不大于 45 mA，故障时最大交流本安电压不大于 12 V，交流本安电流不大于 100 mA。

（9）电源电压为额定值的 75%～110% 时，启动器应能可靠工作。

（10）启动器本安电路控制电缆应小于 300M，电缆分布电感应小于 1 mH/kM，分布电容应小于 0.1 μF/kM。

2. 技术性能

（1）漏电闭锁功能：在磁力启动器合闸前对供电线路对地绝缘情况进行检测，当绝缘电阻低于 22 kΩ+20%（660 V）、40 kΩ+20%（1140 V）时，能实现漏电闭锁功能，使磁力启动器不能合闸。当主电路绝缘阻值上升到闭锁值得 1.5 倍时，自动解除漏电闭锁。

（2）整定电流值：1～400 A，步长为 1 A。

（3）过载保护：过载动作时间采用反时限实时计算，具有热记忆特性，满足表 3-11 的规定。

表 3-11　过载倍数、动作时间

过载倍数	动作时间/s	复位方式
1.05	2 h 不动作	
1.20	$300 < 1.2t < 1200$	闭锁 2 min 后自动复位
1.50	$60 < 1.5t < 180$	
6.00	$8 \leqslant 6t \leqslant 16$	

（4）短路保护：短路保护为整定电流的 8～12 倍。动作时间小于 400 ms。

（5）欠压保护：欠压保护可整定为"打开/关闭"可选，打开时当电源电压超过 125%U_e 时，欠压保护动作，动作时间 5 s。

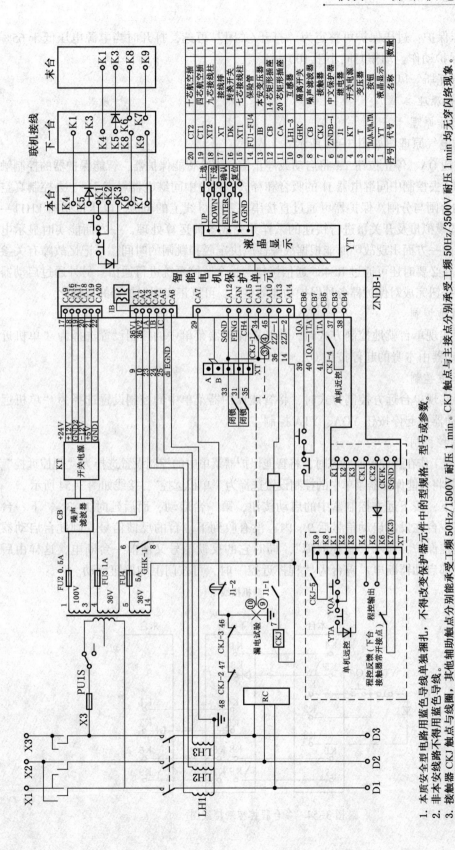

表中（表格代号名称数量）：

序号	代号	名称	数量
20	CT2	十芯航空插	1
19	CT1	四芯航空插	1
18	XT2	九芯接线柱	1
17	XT	接线排	1
16	DK	转换开关	1
15	XT1	七芯接线柱	1
14	FU1~FU4	保险管	1
13	IB	本安变压器	1
12	CB	14芯矩形插座	1
11	CA	20芯矩形插座	1
10	LH1~3	互感器	1
9	GHK	隔离开关	1
8	CKJ	噪声滤波器	1
7	CKJ	中文保护器	1
6	ZNDB-I	继电器	1
5	JI	开关电源	1
4	KT	变压器	1
3	T	按钮	1
2	TA,QA,YQA,YTA	液晶显示	4
1	YT	接晶显示	1

图3-53 启动器的电气原理图

1. 本质安全型电路用电路用蓝色导线单独捆扎，不得改变保护器元件中的型规格、型号或参数。
2. 非本安线路不得用蓝色导线。
3. 接触器CKJ触点与主接点分别承受工频50Hz/3500V耐压1min均无穿闪络现象。CKJ触点承受工频50Hz/1500V耐压1min。CKJ与主接点之间的电气间隙不小于16mm。
4. 接触器CKJ与其他辅助触点的电气间隙不小于3mm，与主触点间电气间隙不小于16mm。

107

（6）过压保护：过压保护可整定为"打开/关闭"可选，打开时当电源电压低于65% U_e 时，欠压保护动作，动作时间小于 100 ms。

（7）具有瓦斯、风电闭锁功能。

（四）工作原理

1. 整机工作原理

启动器的电气原理图如图 3-53 所示。

由启动按钮 QA、停止按钮 TA 将启动或停止信号供给智能保护器，智能保护器的控制触点 CA13、CA14 去控制中间继电器 J1 的吸合和释放，再由中间继电器触点 J1-1 去控制真空接触器 CKJ 的合闸与分闸。保护器可通过直接串在三相母线上的电流、电压传感器 LH11—LH33 采集到的模拟量及开关量进行快速的采样并完成各种运算处理，一方面能实时显示电流及电压值，另一方面出现故障时能根据故障性质决定脱扣跳闸的时间，并记忆故障有关参数以便查询，在必要时还可通过 RS485 通信接口与整个监控系统进行通信。另外通过启动器门上的另 4 个按钮完成对保护器各种保护功能的整定，可真正实现保护器的智能化。

2. 单台就地控制

启动器要实现单台就地控制方式时，将智能保护器菜单中的控制设置选择为"单机近控"，此时启动器由本身的起停按钮 QA、TA 控制。

3. 单台远方控制

启动器要实现单台远方控制方式时，将智能保护器菜单中的控制设置选择为"单机远控"，此时启动器由起停按钮 YQA、YTA 控制。

4. 多台程控控制

多台启动器工作在程控控制状态时，将智能保护器菜单中的控制设置选择为"程控远控"。最后一台启动器将智能保护器菜单中的控制设置选择为"单机远控"，接线如图 3-54 所示。

正常情况下，按下远方控制盒中的启动按钮，第一台启动，而后延时 1~3 s，下一台启动，如果某一台在发出启动信号后 9 s 内，没有收到下一台的反馈信号，则此台启动器断电，实施程控保护，显示"程控故障"。同时它的反馈信号又使前一台断电，这样由后向前逐级使全部启动器断电。首台为"程控近控"时，可按门上的按钮启动。

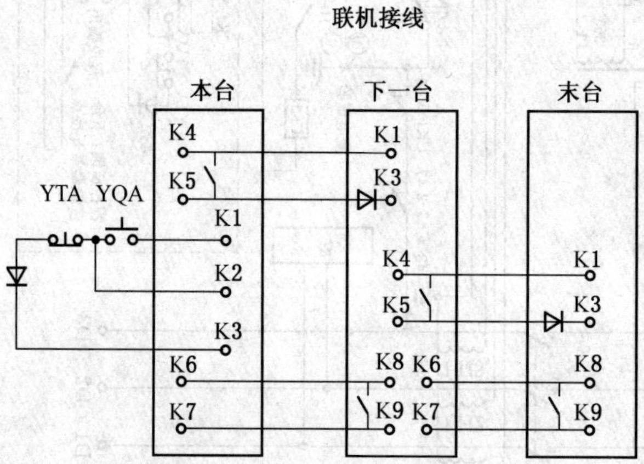

联机接线

图 3-54　多台程控控制接线图

学习活动 2 工作前的准备

【学习目标】

阅读启动器说明书，掌握其正确的操作方法。

一、工具、仪表

常用电工工具 1 套，验电笔、十字旋具、一字旋具、剥线钳、扁嘴钳各 1 个，数字万用表、1000 V 兆欧表、钳形电流表各 1 块。

二、设备

启动器、两挡按钮 1 个。

三、材料与资料

启动器说明书，绝缘胶布及胶质线、2.5 mm^2 控制电缆、φ32 mm 橡套电缆若干，劳保用品、工作服、绝缘手套、绝缘鞋。

学习活动 3 现场施工

【学习目标】

(1) 了解启动器的维护、保养与注意事项。

(2) 能够正确使用启动器。

(3) 能对启动器的常见故障进行分析和排除。

【建议课时】

4 课时。

【任务实施】

一、控制操作方法

启动器可以近控，也可以远控；可以单台控制，也可以多台程序联锁控制。

1. 合闸

(1) 合 GHK 有电输出 AC100 V→步骤 (2)；AC36 V→步骤 (3)；AC36 V→步骤 (4)。

(2) AC100 V→噪声滤波器→开关电源→DC24 V、DC+12 V、DC-12 V、DC5 V→智能保护器得电。

(3) AC36 V→智能保护器得电。

(4) 按 YQA 启动按钮→（2ZJ-1—2ZJ-2）接通→J1 得电→J1-1 接通→CKJ 得电→开关合闸。

(5) 合闸后，CKJ-1 接通→显示"合闸运行"；CKJ-2 断开→断开漏电检测电路；CKJ-4 接通→先导自保。

2. 分闸

按 YTA 停止按钮→（2ZJ-1—2ZJ-2）断开→J1 失电→J1-1 打开→CKJ 失电→开关分闸。

远控合闸、分闸原理同上。

3. 单台就地控制

起动器可以工作在单台就地控制方式。将智能保护器菜单中的控制设置选择为"单机近控"，此时起动器由本身的起停按钮 YQA、YTA 控制。

4. 单台远方控制

启动器可工作在单台远方控制方式，将智能保护器菜单中的控制设置选择为"单机远控"。

5. 多台程控控制

多台启动器工作在程控控制状态，将智能保护器菜单中的控制设置选择为"程控远控"，也可选择"程控近控"。最后一台起动器将智能保护器菜单中的控制设置选择为"单机远控"。

其中各台的 XT 端子排上的 K1、K3 端子用以输入前级来的启动控制信号；K8、K9 端子接本台主接触器的常开触点，用以向前级反馈本台的起动状态信号；K4、K5 端子通过接本台保护器内继电器的常开触点，用以输出控制信号启动后级；K6、K7 端子用以接收后级的启动状态信号。正常情况下，按下远方控制盒中的启动按钮，第一台启动，而后延时 1~3 s，下一台启动；如果某一台在发出起动信号后 9 s 内没有收到下一台的反馈信号，则此台启动器断电，实施程控保护，显示"程控故障"。同时它的反馈信号又使前一台断电，这样由后向前，逐级使全部启动器断电。首台为"程控近控"时，可按门上的按钮起动。

二、参数实时显示及设置

本启动器具有良好的人机对话界面，在通电后将实时显示电流、电压值及当前状态，如图 3-55 所示。

```
负荷电流     0000 A
电网电源     0000 V
绝缘电阻     0000 kΩ
分闸待机     00：00
控制方式     程近
```

图 3-55　界面通电后的显示信息

为了使操作更便捷使用按钮操作，即"上选""下选""确定"及"复位"4 个按钮。操作中按"确认"键可以进入下级菜单或返回上级菜单，或进行调整参数，或参数调整完毕按"确认"键返回。"上选""下选"键用来选择待操作的项或对参数进行调整。在各种故障保护动作后，均需按"复位"键，才能重新起动合闸。

实时显示时，可按"上选""下选""确认"键进入主菜单界面，如图 3-56 所示，按键可使光标移动以选中主菜单项，按"确认"键可进入相应各子菜单项。

运行信息
故障追忆
系统设置
跳闸试验
短路试验
漏电试验
装置信息
出厂设置
返回上屏

图 3-56 主菜单界面

功率因数	0000
有功功率	kW
累计电度	度
控制方式	程控
累计故障	次
返回	

图 3-57 "运行信息"子菜单项

（1）"运行信息"子菜单项，如图 3-57 所示。

（2）"故障追忆"子菜单项，如图 3-58 所示。

前 99 次	2007：10：16
	08：20：30
短路跳闸	
UAC	1140 V
I_a 3260 A	I_c 3280 A
按确认返回	

图 3-58 "故障追忆"子菜单项

保护整定
时钟设置
累计清零
通信设置
密码设置
控制设置
返回

图 3-59 "系统设置"子菜单项

进入"故障记忆"子菜单后，可查询发生的故障信息包括短路故障、漏电故障、瓦斯闭锁、风电闭锁、过压故障、欠压故障、过载故障等。

（3）"系统设置"子菜单项，如图 3-59 所示。

"保护整定"项（图 3-60）：将光标移到系统电压，然后按下"确认"键，光标锁定 1140 V，再按"上选"或者"下选"键，选择合适的电压，1140 V、660 V、380 V 可选，再按"确认"键。整定电流选取同上，电流从 5~400 A，步长为 5。其他项目操作选取方式同上。短路电流倍数为 8~12 倍，过载常数为 1~5。过压保护、欠压保护、漏电保护、启动频繁、启动过长均为"打开"或"关闭"可选取。风电闭锁、瓦斯闭锁为"常开"或"常闭"可选取。当选取保护参数后，最后在"保存整定"选取"保存"，如果没有选取保存则所有修改参数修改无效。保存密码为 0000。

"时钟设置"项（图 3-61）：用于修改保护器的时钟显示值（该时钟只需保护器在投入运行时修改一次即可），一般出厂时已调好，不必再作调整。

"累计清零"项（图 3-62）：用于清除记录，可选"执行"或"放弃"。

"通信设置"项（图 3-63）：通信地址为 01~99 可选，波特率为 120048009600 可选。

系统电压	1140 V
整定电流	400 A
短路电流	8 A
过载常数	2 倍
过压保护	打开
欠压保护	打开
漏电保护	打开
风电闭锁	常闭
瓦斯闭锁	常闭
启动频繁	打开
启动过长	打开
保存整定	保存
返回	

图 3-60 "保护整定"项

设置系统时间	
2000 年 01 月 01 日	
00：00：00	
确定	取消

图 3-61 "时钟设置"项

电度清零	执行
追忆清零	执行
累计清零	执行
返回	

图 3-62 "累计清零"项

通信地址	0
波特率	1200
确定	取消

图 3-63 "通信设置"项

控制	程控
程控延时	5s
确定	取消

图 3-64 "控制设置"项

"密码设置"项：可以修改原始密码，用户不必修改此项。

"控制设置"项：（图 3-64）：控制项可选单机近控、单机远控、程控近控、程控远控。程控近控、程控远控时间可选，用户可根据实际条件进行设置。

（4）"跳闸试验"子菜单项：合闸以后试验保护器功能是否可靠。

（5）"短路试验"子菜单项：分闸状态下试验短路功能是否完好。

（6）"漏电试验"子菜单项：分闸状态下试验漏电功能是否完好。

（7）"装置信息"子菜单项：启动器名称和公司名称。

（8）"出厂设置"：本公司在出厂时已调整此参数，用户不须修改，否则影响计算精度。

三、启动器的安装与维护

（1）在接线，维修时必须断开上级电源，严禁带电检修，严禁带电开盖。

（2）安装前的检查：

①检查启动器前门上的控制按钮、观察窗玻璃、电缆引入装置、接线柱等是否完好，

若损坏应予以修理或更换。

②检查各隔爆面有无损伤、锈蚀现象；隔爆间隙、隔爆长度是否符合标准规定。

③隔离开关操作手柄、门把手是否转动灵活，机械联锁是否可靠。

④检查箱体内有无因运输而掉落的零件，导线有无松动现象和断线。

⑤检查启动器各电气元件、保护器、熔断器等是否完好。

⑥检查启动器是否受潮，若受潮时应进行烘干处理。

⑦检查保护接地装置是否有油漆等接触不良因素，若有需及时处理。

（3）启动器安装时，其环境条件应符后产品使用要求，安装后外壳应可靠接地。

（4）启动器在井下搬运过程中，应轻起轻放，避免强烈振动，严禁翻滚倒置。

（5）在井下安装后，应检查启动器的进出电缆接线是否可靠，暂不使用的喇叭嘴应按规定进行可靠密封。

四、使用注意事项

（1）启动器出厂时，均按额定电压为 1140 V 进行接线和设置，若启动器工作在 660 V 电压时，须将启动器内的控制变压器的原绕组 1140 V 端子上的连线拆开，改接至 660 V 端子上，并将保护器保护整定的额定电压整定为 660 V。

（2）启动器内部控制电路的导线均采用耐压为 500 V 的 RV 型绝缘导线，其中本质安全型电路的导线为蓝色，使用及维修时不得随意更换导线的规格及颜色，也不能改变导线的布线。

（3）本安电路外部连接电路的分布电容、电感值均不得超过本说明书规定的数值。

（4）要定期检查启动器的隔爆面、隔爆间隙等。发现隔爆结构有损坏时应停止使用，隔爆面要定期涂 204-1 防锈油。

（5）每班运行前，应先对启动器进行检查，确认动作正常、显示正确后，再投入运行。

五、启动器常见故障、原因及排除

当启动器因故障跳闸或不能起动时，应先弄清电路原理，根据故障情况分析原因，然后对启动器可能发生故障的部位进行检查，不可随意拆卸。在维修过程中，对需要更换的元器件，要选择与之对应的型号、规格和技术参数，不能随意以其他元器件代替，以免影响整机性能，见表 3-12。

表 3-12　启动器常见故障、原因及排除

故　障	原　因	排　除
无显示	1. 电源没有加到保护器。 2. 电源没有加到显示板	1. 检查电源插座 100 V。 2. 检查变压器输出、输入端子电压及保险管等。 3. 检查显示板与保护器之间插头连接是否良好

表 3-12（续）

故　障	原　因	排　除
显示混乱	显示板连线故障	查线
漏电、过流检测无反应	漏电、过流检测回路故障	1. 检查 DK 置位正确性。 2. 查线
合不上闸	保护器和按钮故障	1. 检查保护器的插座是否接触不良。 2. 检查 DK 开关置位正确性。 3. 检查吸合线圈供电回路是否开路。 4. 检测按钮是否良好
电压显示不正常 电流显示不正常	1. 变压器二次侧输出故障。 2. 电流互感器连线故障。 3. 保护器参数整定不正确	1. 检修变压器。 2. 查线。 3. 正确整定保护器参数（CT 变比）
保护不跳闸	控制回路故障	1. 检查控制回路。 2. 更换保护器

六、实训步骤

1. 启动器的操作与运行实训步骤

1）实训准备

（1）分组准备。在实习指导教师的组织下，由实习学生参与，根据场地及工位情况将全体人员分成若干小组并指定小组负责人。

（2）场地、设备及材料准备。在实习指导教师的指导下，由实习学生参与进行实习场地的整理、实习设备的布置及材料的分发。

（3）仪器、仪表及电工工具准备。在实习指导教师的指导下，由实习学生参与进行实习用的仪器、仪表的布置或分配以及电工工具的分发。

2）开关门操作

（1）说明机械闭锁关系。由学生说明该启动器中的机械闭锁存在于哪些电气元件之间或哪些部分之间。

（2）指出机械闭锁的具体情况。由学生针对具体的启动器说明其机械闭锁的详细情况及操作的注意事项和要求。

（3）完成开关门操作。由学生按照要求和正确的步骤打开启动器的门盖。

3）接线腔接线

（1）在实习指导教师的指导下，熟悉喇叭嘴、接线腔的功能、观察喇叭嘴的组成部件并明确各自的具体作用，明确进线、出线、控制线的接线位置；观察接线端子的布置，并明确各自的具体作用。

（2）在实习指导教师的指导下，熟悉隔爆面的功能和作用，并观察隔爆面的具体状态。

（3）在实习指导教师的指导下，按工艺要求进行启动器与动力电源的正确接线、启动器与电动机的正确接线、启动器与远方控制按钮的正确接线。

4）检查接线

（1）在实习指导教师的指导下，用万用表测量线间电阻检查所接线路中有无不妥或短路的现象存在，若有则重新接线。

（2）用兆欧表测电缆、电动机的相间绝缘、相地绝缘，检查有无漏电现象。

5）参数整定

在实习指导教师的讲解和指导下，使学生明确各个设定参数的作用，并使学生将各个设定参数的设定方法列出来，然后根据电动机的额定参数进行启动器的运行和保护参数的设定。

6）通电试运转

启动器的运行和保护参数设定后要在实习指导教师的许可和监护下，操作启动器，进行通电试运转。

（1）通电。在实习指导教师的许可和监护下，按"前级开关→启动器的隔离开关→远方控制按钮"的顺序进行送电。

（2）运行。启动器启动电动机后，观察运行状态，用仪表测量电流、电压值并记录运行参数。

（3）断电。按正确的断电顺序即"远方控制按钮→启动器的隔离开关→前级开关"进行断电操作。

7）清理现场

操作完毕，学生在指导教师的监护下关闭电源、拆线；收拾工具器材、仪表及设备，整理工作场所，并请指导教师验收。

2. 启动器的故障排除实训步骤

1）实训准备

（1）分组准备。在实习指导教师的组织下，由实习学生参与，根据场地及工位情况将全体人员分成若干小组并指定小组负责人。

（2）场地、设备及材料准备。在实习指导教师的指导下，由实习学生参与进行实习场地的整理、实习设备的布置及材料的分发。

（3）仪器、仪表及电工工具准备。在实习指导教师的指导下，由实习学生参与进行实习用的仪器、仪表的布置或分配以及电工工具的分发。

2）开关门操作

（1）说明机械闭锁关系。由学生说明该启动器中的机械闭锁存在于哪些电气元件之间或哪些部分之间。

（2）指出机械闭锁的具体情况。由学生针对具体的启动器说明其机械闭锁的详细情况及操作的注意事项和要求。

（3）完成开关门操作。在实习指导教师的指导下，由学生按照要求和正确的步骤打开启动器的门盖。

3）故障信息收集

（1）询问故障时现场人员是否听到或看到有关的异常现象，如出现声响、火花等。

（2）详细查看故障设备外部和内部有无烧焦、脱落、裂痕、缺陷等异常状况。

（3）在实习指导教师的许可和监护下，送电（允许的话）进一步查看故障现象及收集相关信息。

（4）将收集到的故障信息进行分类，并详细记录。

4）故障分析

在实习指导教师的指导下，学生根据故障现象进行分析排查。

（1）针对所出故障的各种现象和信息进行原因分析，明确造成该故障的各种可能情况，并一一列出。

（2）先在电路图中标出故障范围，对照实物列出可能的故障元件或故障部位。

（3）根据该启动器的情况、故障元件或故障部位出现的频率及查找的难易程度，明确查找故障元件或故障部位可能的次序。

5）确定故障点，排除故障

经实习指导教师检查同意后，学生根据自己对故障原因的分析进行故障排除。

（1）依照查找故障可能的次序，选用正确的仪表、工具逐一排查，直到检查出故障元件或故障部位。

（2）若带电操作，必须在指导教师的许可和监护下按照操作规程进行。

（3）选用正确的方法及合适的仪器、仪表、工具进行更换或修复电气元件等操作排除故障。

（4）在故障排除过程中，要规范操作，严禁扩大故障范围或产生新的故障。

6）排除故障后通电试运行

故障排除后，要在实习指导教师的许可和监护下送电试运行，以观察启动器的运行情况，确认故障已排除。

（1）通电。在实习指导教师的许可和监护下，按"前级开关→启动器的隔离开关→远方控制按钮"的顺序进行送电。

（2）运行。启动器启动电动机后，观察运行状态，用仪表测量电流、电压值，并记录试运行参数。

（3）断电。按正确的断电顺序即"远方控制按钮→启动器的隔离开关→前级开关"进行断电操作。

7）清理现场

操作完毕，学生在指导教师的监护下关闭电源、拆线；收拾工具器材、仪表及设备，整理工作场所，并请指导教师验收。

学 习 任 务 六　矿　用　电　缆

【学习目标】

（1）熟悉矿用电缆的结构特点与选用方法。

（2）能够对运行中的电缆进行维护、检查与故障判断。

（3）掌握电缆的选用与连接方法，能完成矿用电缆与电气设备的连接操作。

【建议课时】

8 课时。

【工作情景描述】

由于煤矿井下工作条件十分苛刻，电缆在使用中要经受频繁的弯曲、矸石和煤块的冲砸、各种机械的刮碰和挤压，再加上矿井中有易爆的瓦斯气体和煤尘，因此矿用电缆比普通的电缆结构复杂，性能要求高。煤矿井下常用电缆从结构上分为三大类：铠装电缆、橡套电缆和塑料电缆。在综采工作面上应用的主要是橡套电缆。正确的选择与使用电缆，直接关系到供电的安全性、可靠性和经济性。

学 习 活 动 1 明 确 工 作 任 务

【学习目标】

(1) 了解常见矿用电缆的种类、结构及其特点。

(2) 熟悉矿用电缆的选用及连接方法。

【学习课时】

4 课时。

一、工作任务

在综采工作面上应用的主要是橡套电缆，那么橡套电缆的结构、种类如何？怎样进行选择？电缆敷设的正确与否直接影响着线路质量的优劣，关系到供电的可靠性与矿井的安全。当线路发生故障时，电缆故障测试仪器能提示或直接显示故障电缆的编号或位置。对提高工作效率，迅速恢复供电有着十分重要的意义。本任务主要学习矿用电缆的结构、种类及其选择，掌握电缆的敷设及进行故障处理等知识。

二、相关理论知识

（一）橡套电缆的种类及结构

橡套电缆芯线采用多股细铜丝绞合而成，外护套是橡胶，柔软性好，适用于向采掘工作面和经常移动的电气设备供电，根据外护套材料不同分为普通型和屏蔽型两种橡套电缆。

1. 普通橡套电缆

矿用普通橡套电缆的结构如图 3-65 所示，它由 4 根粗线作为主芯线，其中三根作为三相动力芯线，另一根作接地线用，并用不同的颜色区分。四芯以上电缆的其余芯线都作控制芯线用。

2. 屏蔽型橡套电缆

屏蔽型橡套电缆如图 3-66、图 3-67 所示，它在普通橡套电缆三相主芯线的内护套外加包一层半导体屏蔽层，相间衬垫改用导电橡胶制成，接地芯线做在导体橡胶中间。

屏蔽型橡套电缆的主要特点是屏蔽层是接地的，当一相主芯线绝缘损坏时，主芯线首先碰到屏蔽层，通过屏蔽层直接接地造成接地故障，使检漏继电器动作，切断故障电源。

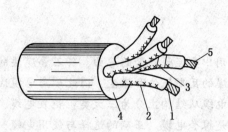

1—主芯线；2—分相绝缘；3—防震橡胶芯子；

4—外护套；5—接地芯线

图 3-65　矿用普通橡套电缆的结构

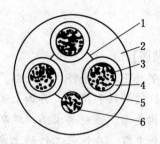

1—半导体防震芯子；2—护套；3—主芯线；

4—绝缘层；5—半导体屏蔽层；

6—接地芯线

图 3-66　低压屏蔽电缆的结构

因此特别适用于具有瓦斯、煤尘爆炸的场所和启动频繁的电气设备。

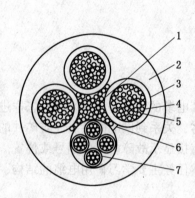

1—接地芯线；2—护套；3—屏蔽层；

4—绝缘层；5—主芯线；6—塑芯(屏蔽材料)；

7—控制芯线

图 3-67　多芯屏蔽电缆的结构图

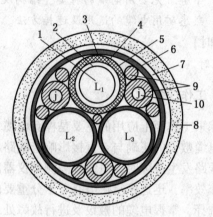

L_1、L_2、L_3—电缆主芯线；j—监视芯线；

1、10—铜绞线；2、6—导电胶布带；3—内绝缘；

4、5—铜丝尼龙网的分相绝缘；7—统包绝缘；

8—氯丁胶护套；9—导电橡胶

图 3-68　UGSP6 kV 高压双屏蔽电缆结构

　　UGSP 型双屏蔽电缆（图 3-68），主要用于综采工作面移动变电站 6 kV 电源线路，主芯线绝缘有红、白、蓝 3 种颜色标志，其监视芯线和接地芯线同心，当监视芯线和接地芯线之间发生金属性连接或监视芯线断线时，会先引起监视芯线与接地芯线短路，使得监视装置动作，自动切断前一级高压开关，保证供电安全。

　　（二）矿用橡套电缆的型号含义（图 3-69）

　　如双屏蔽 UGSP 橡套电缆，U 表示矿用，G 表示高压，SP 表示双屏蔽。

　　（三）矿用橡套电缆的选择

　　1. 矿用橡套电缆的型号选择

　　电缆的型号选择执行《煤矿安全规程》的规定，移动变电站必须采用监视型屏蔽橡套电缆；移动式和手持电气设备都应使用专用的分相屏蔽不延燃橡套电缆；1140 V 设备及采掘工作面的 660 V 及 380 V 设备必须用分相屏蔽不延燃橡套电缆，并按照现行国家标准规

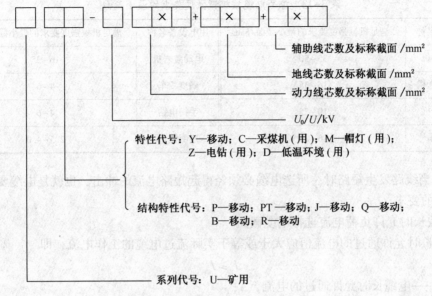

图 3-69 矿用橡套电缆的型号含义

定的矿用橡套电缆的型号、规格进行选取。

2. 电缆长度的确定

由于电缆都有一定的柔性，在敷设悬挂时必然有一定的悬垂度，因此选取电缆的实际长度 L_s 为

$$L_s = KL$$

式中　L——敷设长度，m；

　　　K——增长系数（橡套电缆 $K=1.1$，铠装电缆 $K=1.05$）。

为了便于安装维护，当电缆中间有接头时，应在电缆两端头处各增加 3 m。

3. 电缆芯数的确定

橡套电缆的芯数要视具体情况而定。对于控制按钮不安装在工作机械上的移动设备，可选用四芯电缆，三芯作为主芯线，较细的一芯作为接地线；对于控制按钮安装在工作机械上的移动设备（如采煤机组等），可根据具体需要确定电缆芯数，但必须有一芯作为专用地线。

4. 电缆截面的选择

1）确定电缆截面的条件

选择电缆截面主要是选择电缆主芯线的截面，主芯线截面一般按以下条件来确定：

（1）实际流过电缆的长时工作电流必须小于或等于电缆允许的负荷电流；否则，电缆会因为电流长时过大而使芯线温度升高，缩短电缆的使用寿命。

（2）电缆的实际电压损失必须小于电路允许的电压损失。

（3）电缆的机械强度必须满足要求，特别是向移动电气供电的设备。

在实际工作中，对于矿用电缆，在制造时已经考虑了煤矿电气设备对电缆机械强度的要求。所以，电气设备按照表 3-13 选择电缆截面，即可以满足电缆机械强度的要求。

表 3-13　橡套电缆按机械强度要求的最小截面

用电设备名称	满足机械强度要求的最小截面/mm	用电设备名称	满足机械强度要求的最小截面/mm
各种采煤机	35~50	电动装岩机	16~25
可弯曲输送机	16~35	调度绞车	4~6
一般输送机	10~25	手持电钻	4~6
回柱绞车	16~25	照明设备	2.5~4.0

（4）当线路发生短路时，所选电缆必须经得起短路电流的冲击，也就是电缆要满足保护灵敏性的要求。

2）按长时允许负荷电流选择电缆截面

电缆长时允许通过的电流值应大于或等于实际流过电缆的工作电流，即

$$I_y \geq I_g$$

式中　I_y——电缆长时允许通过的电流，A；

　　　I_g——实际流过电缆的工作电流，A。

（1）向单台或两台电动机供电的电缆，实际流过电缆的电流可直接取电动机的额定电流或两台电动机的额定电流之和。电动机的额定电流可在其技术数据或铭牌中查到。

（2）向三台或三台以上电动机供电的电缆，实际流过电缆的电流可按下式计算：

$$I_g = \frac{k_x \sum P_e}{\sqrt{3}\, U_e \cos\varphi_{pj}} \times 10^3$$

式中　　　I_g——实际流过电缆的工作电流，A；

　　　　　k_x——需用系数，查表 3-14；

　　　$\sum P_e$——由该电缆供电的电动机额定功率之和，kW；

　　　　　U_e——电动机额定电压，V；

　　　$\cos\varphi_{pj}$——电动机的加权平均功率因数，查表 3-14。

表 3-14　需用系数及平均功率因数表

设备用户名称	需用系数 k_x	加权平均功率因数	备注
综采工作面	0.4~0.6	0.7	P_{max}——综采工作面最大电动机功率，W； $\sum P_e$——综采工作面所有电动机额定功率之和，W
缓倾斜煤层	0.4~0.5	0.6	
急倾斜煤层	0.5~0.6	0.7	

计算出电缆的实际工作电流后，根据 $I_y \geq I_g$，在电工手册中查取选择电缆的主截面。

5. 矿用电缆的选用原则

按照《煤矿安全规程》第467条的规定，井下电缆的选用应遵循下列规定：

（1）电缆敷设地点的水平差应与规定的电缆允许敷设水平差相适应。

（2）电缆应带有供保护接地用的足够截面的导体。

（3）严禁采用铝包电缆。

（4）必须选用取得煤矿矿用产品安全标志的阻燃电缆。

（5）电缆主芯线的截面应满足供电线路负荷的要求。

（6）固定敷设的高压电缆，按敷设电缆的巷道条件选择。

（7）固定敷设的低压电缆，应采用 MVV 铠装或非铠装电缆，或对应电压等级的移动橡套软电缆。

（8）非固定敷设的高低压电缆，必须采用符合 MT 818 行业标准的橡套软电缆。移动式或手持式电气设备应使用专用橡套电缆。

（9）照明、通信、信号和控制用的电缆，应采用铠装或非铠装通信电缆、橡套电缆或 MVV 型塑力缆。

（10）低压电缆不应采用铝芯，采区低压电缆严禁采用铝芯。

学习活动2　工作前的准备

【学习目标】

（1）熟悉矿用电缆的结构特点与选用方法。

（2）能够对运行中的电缆进行维护、检查与故障判断。

（3）掌握电缆的选用与连接方法，能完成矿用电缆与电气设备的连接操作。

一、工具、仪表

矿用防爆 ZC-12 型兆欧表 1 块，电工常用工具 1 套，木锉、剪刀各 1 把。

二、设备

保护接地装置 1 副，安全火花型 ZC-18 型接地电阻测量仪 1 块，矿用隔爆电磁启动器 1 台。

三、材料与资料

矿用电缆若干，防锈油若干，记录用纸、笔等。

学习活动3　现　场　施　工

【学习目标】

（1）熟悉矿用电缆的结构特点与选用方法。

（2）能够对运行中的电缆进行维护、检查与故障判断。

（3）掌握电缆的选用与连接方法，能完成矿用电缆与电气设备的连接操作。

【建议课时】

4 课时。

【任务实施】

一、矿用电缆的运行维护与故障判断

1. 矿用电缆的运行维护

矿用电缆的运行维护项目及内容见表 3-15。

表 3-15　矿用电缆的运行维护项目及内容

序号	项目	内　容
1	运行前的电气试验	1. 测量电缆各导体直流电阻和三相电阻的对称性。 2. 测量电缆终端接线盒及中间接线盒各接地极的接地电阻。 3. 通过绝缘性能试验判断电缆的绝缘性能是否符合要求。 4. 检查电缆线路的相位
2	运行维护	1. 矿井电缆线路禁止升压运行。 2. 电缆表皮的允许温度应每月测量一次，并符合要求。 3. 运行中电缆线路的绝缘电阻值应符合规定要求

2. 矿用电缆运行中的定期检查

1）矿用电缆运行中的检查周期

（1）固定敷设电缆的绝缘检查，每季 1 次；外部及悬挂情况检查，每周 1 次。

（2）橡套电缆（移动式电气设备用）绝缘检查，每月 1 次；外皮有无破损检查，每班 1 次。

（3）立井井筒中的电缆外部和悬挂情况检查，每月至少 1 次，并由两人进行。

（4）正常生产采区电缆的负荷情况检查，每月 1 次，并由井下供电专职人员与维修人员一起进行。

（5）高压电缆泄漏和耐压试验，每年进行 1 次。

2）矿用电缆运行中的检查内容

（1）对敷设在井筒内的电缆应检查电缆有无机械损伤，铠装层是否有松散及严重锈蚀现象，固定电缆的卡子有无松动、砸损、刮损等问题，同时清除电缆卡子与支架上的积垢及杂物，检查接线盒的表面温度。

（2）井下中央变电所至采区变电所的电缆应检查电缆是否已按规定吊挂好，电缆有无机械损伤，电缆的金属铠装层是否有锈蚀、裂口、断裂、松散、脱落现象，电缆与电气设备的连接是否符合防爆要求以及电缆的标志是否符合要求等。

（3）绝缘电阻的测量。不同的电缆按规定的周期对其绝缘电阻进行测量，以便检查电缆的绝缘状态。

3）矿用电缆运行中的维护管理

（1）电缆外皮的防腐。井下敷设的裸钢带或钢丝铠装电缆应定期进行防腐处理。

（2）电缆的防护。对掘进工作面机电设备用的电缆情况随时进行监视，防止电缆遭受撞击、挤压。设备移动时应设专人看守，防止电缆被挤伤或拖断。在井筒施工和立井井筒内更换罐道、风水管路维修及井壁维修时，要制定措施、加强防护，防止砸伤电缆。在井下巷道内运输超宽大型材料或大型设备时，也要制定措施防止挤伤、撞伤、刮断电缆。在井下堆放物料时，严禁压挤电缆。

（3）电缆的管理。各矿井应加强对矿用电缆的管理，成立专门组织负责对全矿电力、照明、通信控制电缆统一管理，做到账、卡、物一致。禁止电缆露天堆放，严禁不合格的电缆下井。

4）矿用电缆运行中的电缆试验

（1）浸水耐压试验。将修补后的电缆浸入水池中，但两端头要露出水面，然后将一根线芯接试验电源，其余线芯短接接地。试验电压为 2 倍额定电压加 1 kV，持续时间为 5 min，若电缆不被击穿，则浸水耐压试验为合格。

（2）载流试验。将电缆线芯串联起来，然后接电源，使线芯通过长期允许负荷电流，持续时间 30 min，线芯接头处温度不超过电缆正常表面温度为合格。

5）矿用电缆运行中的注意事项

（1）为了保证电缆的正常运行，应定期检查电缆的绝缘情况。

（2）绝缘电阻的测定是初步检查电缆绝缘状况简单而有效的方法。首先检查电缆的外表和两端头是否正常，有无破损、压痕，是否有受潮情况等，然后用兆欧表测量绝缘电阻。

（3）将测量的结果与标准数据进行比较。1000 V 以下的电缆用 500 V 或 1000 V 兆欧表测量，绝缘电阻值不小于 50 MΩ；1000 V 以上的电缆用 2500 V 兆欧表测量，6~10 kV 电缆绝缘电阻应不小于 100 MΩ。运行中的高压橡套电缆的绝缘电阻一般应大于 50 MΩ；低压橡套电缆的绝缘电阻一般应大于 2 MΩ。

（4）检查绝缘电阻后，应做直流泄漏和直流耐压试验。经实践证明，只做绝缘电阻测定往往不能发现电缆的缺陷，而直流耐压试验才是检查 3 kV 及以上电缆质量性能的有效方法，它能比较容易地发现电缆绝缘机械损伤、裂缝、气泡等内在缺陷。

（5）1 kV 以下电力电缆可用 2500 V 兆欧表测量其绝缘电阻值，以代替直流耐压试验。电缆的绝缘电阻、泄漏电流标准和直流耐压试验标准见《煤矿电气设备试验规程》。

（6）当发现电缆的绝缘水平过低时，如果其他部分没有缺陷，则一般是由于电缆的封头处或接线盒受潮造成的。

3. 电缆的故障种类及其原因

1）电缆的故障种类及其特征

矿用电缆的故障种类及其特征见表 3-16。

2）电缆的故障原因

（1）电缆敷设时没有按要求进行损伤绝缘，或电缆连接时出现"鸡爪子"明接头、毛刺等，从而造成漏电、接地事故。

表 3-16　矿用电缆的故障种类及其特征

序号	项目	内　　容
1	绝缘故障	1. 电缆的绝缘水平降低，出现漏电现象。 2. 线芯相间或对地绝缘电阻达不到要求。 3. 线芯之间或对地泄漏电流过大
2	接地故障	1. 完全接地，检漏继电器动作，即电缆一相线芯直接接地，如用兆欧表（或万用表）测量两者之间绝缘电阻为零。 2. 低电阻接地，即单相或/井口线芯对地绝缘电阻低于 500 kΩ。 3. 高电阻接地，即单相或几相线芯对地绝缘电阻在 500 kΩ 以上
3	短路故障	1. 两相或三相线芯相间短路。 2. 两相或三相线芯同时接地短路
4	断路故障	电缆单相或几相线芯断开或者单相导电线芯断开一部分

（2）电缆接线盒不符合要求，密封不好而受潮，造成短路、绝缘下降事故。

（3）电缆使用过程中遭到挤、压、埋、砸、刮、撞、拉等，使电缆绝缘下降，造成漏电、接地、短路或断路故障。

（4）日常维护检修管理不善，电缆落在地上，甚至泡在水中，造成漏电、短路事故。

（5）电缆过负荷运行，线芯发热，造成绝缘老化，损伤电缆而引起漏电事故。

（6）因操作过电压、大气过电压等造成电缆绝缘击穿，导致短路、接地事故。

4. 电缆故障性质的判断

用兆欧表测量绝缘电阻，可以判断出电缆的故障性质，具体判断方法如下。

1）单相接地故障判断

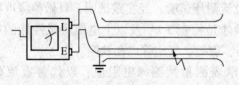 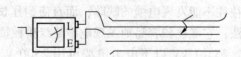

图 3-70　单相接地故障判断接线　　　　图 3-71　相间短路故障判断接线

将兆欧表的 E 端和 L 端两测线中一根接地（或接铠装电缆铠装层），另一根分别与三相主线芯相连（电缆另一端开路），如图 3-70 所示，如果出现绝缘电阻值为零或很低的相，即可判断为单相接地故障。

2）相间短路故障判断

将电缆一端开路，在电缆的另一端将兆欧表的 E 端和 L 端两测线分别与电缆两主线芯相连（图 3-71），测量两相间绝缘电阻。如果出现电阻为零，即可判断为相间短路故障。

用同样的方法分别测量三相主线芯任两相间绝缘电阻，即可判断出短路相。

3）断路故障判断

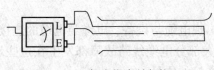

图 3-72 断路故障判断接线

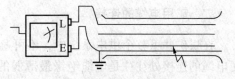

图 3-73 绝缘故障判断接线

将电缆一端短接，在另一端用兆欧表测量任两相主线芯间电阻（图 3-72），如果出现电阻为无穷大，即可判断必有一相主线芯断线，再用同样的方法与第三相测试，以判断出断路故障。

4）绝缘故障判断

将电缆一端开路；在电缆的另一端将兆欧表的两测线中一根接地（或铠装电缆铠装层），另一根分别与电缆三相主线芯相连，或者将兆欧表的两测线同时接电缆任两相主线芯（图 3-73）。如果出现绝缘电阻低于正常值，即可判断为绝缘能力降低或损坏故障。另外，电缆绝缘故障还可通过做泄漏试验来发现或者从检漏继电器指针数值判断。

5. 电缆故障点的查找

电缆一旦出现故障，首先应根据事故现象和状态，正确判断故障的类别，并以最快的速度寻找故障点，以便及时处理，减少生产和安全上的损失。

电缆故障虽然都出自内部，但故障点往往暴露于电缆外表或者因为电缆发生故障引起由它供电的用电设备出现的一些异常现象，这为分析和判断电缆故障性质、查找电缆故障点提供了条件。此外，查阅电缆的试验记录、运行记录、事故记录，了解电缆敷设线路状况及敷设长度等有关技术资料，也有助于确定故障范围，迅速准确地找到故障点。

查找故障点时，首先应根据具体情况找出可疑区域，然后进一步确定其故障点。铠装电缆故障多发生在受碰撞或者挤压处，橡套电缆最易出现故障的是电缆入口处以及遭到砸、压或受拉力处。对有淋水、垮塌、撞挤、炮崩等可疑地段要重点查找。

对于沿巷道敷设的电缆，如果因短路事故造成外皮烧伤，一般通过沿电缆线路查看外观就可找到故障点。电缆接线盒出现短路事故时，可以摸到表面温度较高。电缆某处短路时，有时可以看到烧穿的伤痕和穿孔，在短路点还可以嗅到绝缘烧焦的特殊气味。

此外，还可以通过仪器、仪表判断电缆故障点的位置。其中，用万用表判断橡套电缆故障点的步骤如下：

（1）将电缆两端线芯全部开路。

（2）如果电缆是相间短路故障，将发生短路的两根线芯的端头与万用表两表笔相连接；如果是接地故障，将故障线芯和地线接到万用表上，并旋转万用表挡位选择开关至欧姆高阻挡。

（3）由检修人员对电缆逐段进行弯曲或翻动。当弯曲到某一点，万用表指针有较大摆动时，说明这一点就是故障点。也可用木棒敲打电缆护套，当敲打到某点万用表针有较大摆动时，也就找到了故障点。

目前用电缆故障测试仪测试电缆故障点是最为科学、最为精密的方法，已被广泛应用。

二、矿用电缆的连接

在煤矿井下整个供电系统中，不可避免地会出现电缆与设备、电缆与电缆的连接，然而电缆的连接处往往是电缆绝缘最薄弱的环节，大部分电缆线路故障都发生在这些地方。因此，为了保证供电的安全可靠，必须保证电缆连接的质量。

1. 电缆的连接要求

（1）导电线芯连接处的接触电阻要小，要保持稳定，其最大值不应超过同截面同长度线芯电阻的 1.1 倍，正常负荷时的温升不大于原线芯的温升。

（2）电缆线芯的连接，常用压接法和焊接法，严禁采用绑扎法。连接处要有足够的抗拉强度，其值不低于电缆线芯强度的 80%。

（3）压接法是用液压钳将接线端子或连接管与电缆线芯压接在一起，其压模所适用的电缆线芯截面为 $16\sim240$ mm^2。焊接法主要有用开口铜连接管连接铜芯电缆的锡焊法和用铜接线端子连接铝芯电缆的铜铝焊接法两种。

（4）电缆连接处的绝缘强度不应低于电缆标准值，并能在长期运行中保持绝缘密封良好，能承受运行中经常遭遇的过电压。

（5）两根电缆的铠装层、屏蔽层和接地线芯都应有良好的电气连接。

（6）不同型电缆之间严禁直接连接（如橡套电缆和塑料电缆之间），必须经过符合要求的接线盒、连接器或母线盒进行连接。

（7）同型号电缆之间直接连接时，必须遵守《煤矿安全规程》的有关规定：橡套电缆的连接，必须采用阻燃材料进行硫化热补或与热补有同等效能的冷补；塑料电缆连接处的机械强度以及电气、防潮密封、老化等性能，应符合该型矿用电缆的技术标准。

2. 电缆与防爆电气设备的连接

（1）密封圈的单孔内只允许穿一根电缆，电缆与密封圈之间应密封良好。

（2）密封圈内径与电缆外径差应小于 1 mm，密封圈外径 D 与装密封圈的孔径 D_0 配合应符合规定：当 $D\leq20$ mm 时，$(D_0-D)\leq1$ mm；当 $D\leq60$ mm 时，$(D_0-D)\leq1.5$ mm；当 $D>60$ mm 时，$(D_0-D)\leq2$ mm。

（3）密封圈的宽度应大于或等于电缆外径的 0.7 倍，但最小必须大于 10 mm；密封圈的厚度应大于或等于电缆外径的 0.3 倍，但必须大于 4 mm。密封圈应无破损，不得割开使用。

（4）电缆护套穿入进线嘴长度一般为 $5\sim15$ mm，并用防脱装置压紧电缆。

（5）电缆线芯与接线端子连接应使用规定的连接件，接线螺栓上的弹簧垫圈和弓形垫片（卡爪）应齐全。

（6）接线应整齐、无毛刺，上紧螺母时卡爪既不能压绝缘外皮，也不能压住或接触屏蔽层，又不能使裸露线芯距接线垫圈的距离大于 10 mm。

（7）接地线芯应略长于导线线芯，防止电缆拉脱时地线拉断失去保护作用。

（8）屏蔽电缆与电气设备连接时，必须随同绝缘层一起剥除主线芯的屏蔽层，其剥除长度应符合有关规定要求，但屏蔽层自身必须保证良好接地。

（9）橡套电缆与各种插销连接时，必须使插座连接在靠电源的一边。

（10）接线完毕应仔细清扫接线盒，使其内部保持清洁，无杂物和导线头。

3. 电缆连接器连接电缆

1）矿用隔爆高压电缆连接器

图 3-74 所示为煤矿井下常用的 AGKB30-200B/6000 型矿用隔爆高压电缆连接器。它主要在煤矿井下 6 kV 电力电缆线路中，用于连接电缆或将电缆连接在电气设备上。它可以在电缆段的两端使用，以便互相插接；也可以将其一半经专用防爆连接部件接到电气设备上。

图 3-74 AGKB30-200B/6000 型矿用隔爆高压电缆连接器外形

连接器由隔爆外壳、进线部分、电缆分线腔、绝缘体、载流导体等部分组成，如图 3-75 所示。隔爆壳体是由多个隔爆面连接在一起的壳体，用于保证在连接器内部发生爆炸时不会引燃壳体外的瓦斯及煤尘。它包括两个主要部分：一是进线部分，由压紧法兰盘、压板、堵板、封环、压线腔和内外接地等组成。它把电缆引入连接器，并把壳体在电缆进口处密封起来，同时压紧电缆，以防止电缆被拉出连接器而造成接地或短路。二是电缆分线腔，电缆进线部分引入隔爆外壳后，在分线腔内把线芯分开，再引到绝缘体内。

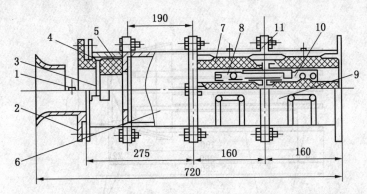

1—压板；2—压紧法兰盘；3—堵板；4—封环；5—压线腔；6—分线腔；
7—绝缘体；8—接线座；9—中壳；10—接触杆；11—密封垫圈

图 3-75 AGKB30-200B/6000 型矿用隔爆高压电缆连接器的结构

绝缘体用来承受相对地和相间的电压，并承受载流体的散热。因电压很高，绝缘体必须有较好的抗漏电性和抗老化性。载流体包括接线座和接触杆，接线座和接线座中间用接触杆连接，电缆线芯在接线座一端采用螺纹压接。

用电缆分线腔内的内接地螺钉与绝缘体中的接地线连接，形成电缆连接器的保护接地

127

装置。同时，连接器在各隔爆面连接处均采用了密封装置，以防止淋水和井下潮气的侵入造成绝缘下降。

2）电缆连接器与电缆连接前的准备工作

（1）安装接线前首先检查电缆的型号、规格是否与所安装的连接器相符，并备齐各种工具器材。

（2）接线盒拆箱后，应检查有无损坏现象、零件有无缺失。

（3）连接器及各种工具器材必须保持清洁，尤其是连接器里的绝缘件必须在安装接线前擦拭干净。

（4）施工现场应尽可能保持清洁。

3）AGKB电缆连接器与MYPTJ型电缆连接的安装接线步骤

（1）在电缆一端250 mm长度上剥去电缆护套及护套下监视线内外的半导体屏蔽层，松开留下的监视线，并编成两根辫子股。然后在它上面套上绝缘管，绝缘管应尽量套到辫子股的根部，绝缘管的另一端露出导线约28 mm，如图3-76所示。

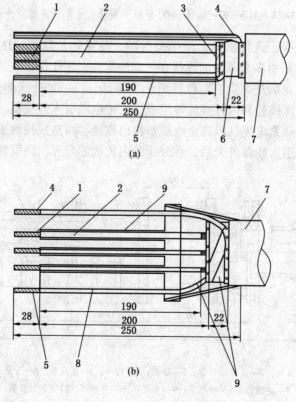

1—主线芯导线；2—主线芯绝缘；3—半导体层；4—监视线；5—接地线；6—内护套；
7—外护套；8—绝缘管；9—自黏带包绕层

图3-76　AGKB30型连接器电缆剥除包缠尺寸（单位：mm）

（2）用木锉、砂布或四氯化碳溶剂擦去监视线下面的内护套根部表面22 mm长度上的残留半导体胶，按如图3-75所示的尺寸，将22 mm长度以外的内护套，包括内护套里面的填充物全部剥去，用自黏带在 22 mm 长度的内护套上包绕两层。自黏带绕包时，注意将自黏带拉伸 100% ~ 200% 再进行绕包。

（3）将内护套下面的接地线松开并编织成两根辫子股，然后套上绝缘管并露出导电线芯约 28 mm。

（4）按图 3-75 所示尺寸切去各主线芯端部绝缘约 28 mm（包括绝缘内外的半导体层）。

（5）按图 3-75 所示尺寸剥去各主线芯绝缘外面约 190 mm 长度上的半导体层，并用木锉、砂布或四氯化碳溶剂仔细擦去主线芯绝缘表面上的残留半导体胶。

（6）电缆两端都完成上述工序后，分别用 2500 V、500 V 兆欧表测量各主线芯绝缘电阻及监视线对地绝缘电阻，阻值应符合标准要求。

（7）在各主线芯绝缘层外再包绕 1~2 层自黏带，以增强绝缘性。在监视线、接地线的根部，也需包绕 1~2 层自黏带。

（8）将主线芯导线、监视线以及其中一股接地线线头，用薄铜皮包裹，装入铜接线座接线腔孔内，并压紧。

（9）按先后顺序将压紧法兰盘、金属垫圈、密封垫圈、压线腔和分线腔等套进电缆，然后把另一股接地线（没有接铜接线座）与分线腔内的内接地桩连接好。

（10）把接好铜接线座的主线芯、监视线以及其中一股接地线装到中壳内腔的绝缘体上，其中三根主线芯接入具有沟槽的接线孔内，接地线装到有接地标志的接线孔内，监视线接到剩下的两个接线孔内，用专用工具把铜接线座与中壳内腔绝缘体固定紧。安装时应注意，不要忘记套上中壳法兰面上的密封垫圈。

（11）先将压线腔与分线腔用螺栓连上，并检查电缆进入分线腔的长度是否符合要求，将金属垫圈、压紧法兰盘装上，并装好压板，再将分线腔与中壳连接上。

（12）电缆两端完成上述工序后，在电缆连接器任意一端的绝缘体上，将接触杆全部插好，然后对电缆各主线芯进行直流耐压试验。耐压试验合格后，连接器安装接线方为合格。

4. 矿用电缆连接操作注意事项

（1）对主线芯外面的屏蔽层要认真进行处理，特别是半导电橡胶带在剥离后要用木锉或四氯化碳等溶剂将粘在绝缘层表面的导电胶或石墨粉处理干净。

对于用金属丝做成的屏蔽层应将金属丝处理好，严禁金属丝刺入绝缘层内部。

（2）连接器在进行安装时，注意不要漏掉中壳法兰面上的封密垫圈，各隔爆面之间应涂防锈油并装好螺栓。橡胶密封圈不能压迫太紧，以免线芯变形，破坏绝缘。

（3）进行直流耐压试验时，对于新的连接器试验电压为 30 kV；对于已运行过的连接器或投入运行后做预防性试验时，试验电压为 27 kV。试验时间均为 5 min，试验时同时记录 1 min 及 5 min 时的泄漏电流值，作为今后再做预防性试验时的参考。

（4）安装好的连接器应悬挂在巷道侧壁、没有淋水的场所，同时应把连接器排在高位，两端的电缆应自然下垂。

（5）两个连接器连成一个完整的连接器，安装接入运行线路后，必须将连接器两端的外接地桩可靠接地，在井下应与井下接地网可靠连接。

（6）如果连接器暂不与其他电缆段的连接器或电气设备连接时，则必须用封端盖子盖好。

三、实训步骤

1. 煤矿用电缆绝缘电阻的测定与故障判断实训步骤

1）工具器材准备

准备好所需要的工具器材，检查作业地点瓦斯含量，检查保护接地装置的接地电阻，检查兆欧表的防爆性能并进行开路、短路试验。

2）电缆绝缘电阻的测定

将 ZC-12 型兆欧表的 E 端和 L 端两测线中一根接地（或铠装电缆铠装层），另一根分别与三相主线芯相连（电缆另一端开路），或者将兆欧表的两测线同时接电缆任两相主线芯测量其绝缘电阻值，如果绝缘电阻低于正常值，则可判断为绝缘能力降低或损坏的相线。

3）电缆单相接地故障的判断

将电缆一端开路，在电缆的另一端，将兆欧表的两测线中一根接地（或接铠装电缆铠装层），另一根分别与电缆三相主线芯相连，测量其绝缘电阻，如果出现绝缘电阻值为零或很低的相，即可判断为单相接地故障。

4）电缆相间短路故障的判断

将电缆一端开路，在电缆的另一端，将 ZC-12 型兆欧表的两测线分别与电缆的两主线芯相连，测量两相间绝缘电阻，如果出现电阻为零，即可判断为相间短路故障。

用同样的方法分别测量三相主线芯任两相间绝缘电阻，即可判断是否有短路相。

5）电缆断路故障的判断

将电缆一端短接，在另一端用兆欧表测量任两相主线芯间绝缘电阻，如果出现电阻为无穷大，即可判断必有一相主线芯断线；然后再用同样的方法与第三相测试，以判定断路相。

6）清理现场

学生检查器材仪表，整理工作场所，并请指导教师验收。

7）操作注意事项

（1）被测电缆建议优先选用 660 V 或 1140 V 煤矿用移动屏蔽橡套阻燃软电缆，也可根据具体情况选用煤矿用其他类型的电缆。

（2）保护接地装置的接地电阻要符合规定，一般要求不超过 4 Ω。

（3）矿用防爆 ZC-12 型兆欧表的测量范围为 0~100 MΩ，额定电压为 500 V，转速为 150r/min，误差为 ±5%。

（4）电缆的检查必须使用与电缆电压等级相匹配的兆欧表。500 V 兆欧表只能用来测量检查 1000 V 以下电缆的绝缘电阻值；1000 V 以上的电缆用 2500 V 兆欧表测量。

（5）井下通电运行的千伏级及以下橡套电缆线路，其绝缘电阻标准值不小于 1 kΩ/V。例如，1140 V 系统的电缆，绝缘电阻不得低于 1 kΩ/V×1140 V=1.14 MΩ。

（6）使用兆欧表测量前，必须断开待测线路上所有电气设备的电源开关，并挂上

"有人工作，严禁送电！"标志牌，检查作业地点20 m范围内的瓦斯含量必须在1%以下才能进行验电，放电后再进行测量。在测量过程中，要实时监测使用环境的瓦斯浓度。测量结束后，必须将被测电缆对地放电，以防电击伤人。

2. 矿用电缆与煤矿隔爆电气设备的连接实训步骤

1）实训操作

（1）准备好所需要的工具、器材、仪表及设备，并检查其性能。检查作业地点瓦斯含量并全程监视。用兆欧表检查电缆绝缘性能是否完好。

（2）将屏蔽电缆护套穿入设备接线盒进线嘴，检查并规范使用密封圈，检查电缆防脱装置以及启动器接线柱的完好性。

（3）正确使用工具剥削电缆绝缘层、屏蔽层，要求操作规范。绝缘层外的屏蔽层要剥削干净。电缆主线芯、接地线芯剥削长度应符合要求，不得损伤导电线芯。

（4）电缆线芯连接操作应规范，连接工艺要符合要求，接线要整齐、无毛刺、质量高。接地线芯应略长于导线线芯。

（5）屏蔽层处理应符合工艺要求，无毛刺，屏蔽层与导体裸露部分空气间隔要满足规定要求。

（6）接线后，进线嘴紧固程度要适中。压盘式进线嘴以抽拉电缆不窜动为合格，螺旋式进线嘴以用单手拇指、食指、中指使压紧螺母向旋进方向旋进不超过半圈为合格，压叠式进线嘴压紧电缆后的压扁量不应超过电缆直径的10%。接线后试验符合要求。

（7）接线完毕，首先要仔细清扫接线盒，使其内保持清洁，无杂物和导线头；其次要检查工具、器材、仪表及设备，整理工作场所，并请指导教师验收。

2）操作注意事项

（1）电缆护套与密封圈接触要紧密，密封圈的单孔内只允许穿一根电缆。

（2）电缆护套应伸入设备接线盒内壁5~15 mm，并用防脱装置压紧电缆。

（3）接线时，必须把橡套层外的屏蔽层全部剥光，以免屏蔽层直接与导电线芯接触，造成检漏继电器动作而无法送电。对绝缘层表面黏附的屏蔽层粉末，也必须处理干净，否则同样会因检漏继电器动作而不能送电。

（4）接线应整齐、无毛刺。接线螺栓上的卡爪不准压到绝缘橡胶或其他绝缘物，也不得压住或接触屏蔽层。

（5）导电线芯与接线柱的连接要牢固，连接处接触电阻要小并保持固定，正常负荷时的温升应在规定范围内。

（6）接地线长度要适宜，即当电缆向外拉出，导电线芯被拉脱接线柱时接地线芯仍须保持连接。

模块四　井下供电安全技术措施

安全供电是保证矿井安全生产的关键措施之一。由于井下环境恶劣，容易发生各种电气事故，因此需要采取必要的安全措施，设置可靠的保护装置，才能提高矿井生产的安全水平。煤矿井下供电的过电压保护、静电及电火灾防护、人体触电与急救、瓦斯电闭锁保护、风电闭锁保护等措施的设置对于煤矿的安全生产至关重要。

学习任务一　井下电气设备的过电压保护安全技术措施

【学习目标】

（1）了解产生过电压的原因及危害。

（2）理解井下过电压的保护原理。

（3）熟悉过电压保护在隔爆开关中的应用。

（4）正确确定和维护保护器件的电压。

【建议课时】

8 课时。

【工作情景描述】

目前，井下开关电气设备内部多用真空断路器或真空接触器，而井下采、掘、运机械的电动机容量很大，用真空开关控制它们的启动和停止时，往往会产生较大的过电压，如果对出现的过电压不加以防护，就可能将电动机或其他电气设备或其他电气设备的绝缘击穿而引起短路，损坏电气设备，因此井下供电系统中设置有过电压保护环节。本课题的任务是熟悉井下电气设备内部的过电压保护措施及过电压保护电路中重要元件的选择与维护。

学习活动 1　明 确 工 作 任 务

【学习目标】

（1）了解产生过电压的原因及危害。

（2）理解井下过电压的保护原理。

【建议课时】

4 课时。

一、工作任务

井下出现过电压的原因是什么？对过电压需采取什么抑制措施，才能保护电路中的电气设备及元件不致受损坏？保护电路出现故障时，如何维护？这些问题是本课题分析的主要内容。

二、相关理论知识

（一）过电压的原因及危害

由于某种原因使电气设备的承受电压异常升高，大大超过电气设备额定电压，从而使设备的绝缘击穿或闪络，这种电压称为过电压。按产生过电压原因的不同，过电压分为大气过电压和内部过电压。

1. 大气过电压

大气过电压是由雷云放电产生的，雷云放电的过程即为雷电现象。天空中密集的云块因流动而相互摩擦，从而形成带有正、负电荷的雷云。处在雷云下面的大地相应感应出异性电荷，所以雷云与大地形成一个巨大的"电容器"。当大地条件和两者之间距离满足雷云对大地放电的电场强度要求时，雷云便对大地迅速放电，形成强大的雷电流。当雷云距大地较近时，雷云和大地之间的电压可达数百万伏，雷电流可达数十万安。雷云对地面上电气设备形成的过电压，可分为直接雷击过电压和感应雷过电压。

1）直接雷击过电压

当雷电直接击中供电系统及电气设备时，所产生的过电压称直接雷击过电压，如图4-1所示。雷电的破坏作用很大，它不仅能伤害人畜，击毁建筑物，造成火灾，而且还会使供电系统及电气设备的绝缘受到破坏，严重影响供电系统的安全运行。对直接雷击过电压的防护，一般采用避雷针或避雷线。

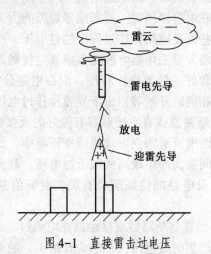

图 4-1　直接雷击过电压

2）感应雷过电压

当架空线路上方出现雷云时，由于静电感应作用会在架空线上感应出大量与雷云异性的束缚电荷。当雷云对大地上的其他目标（如附近的山地或高大树木等）放电后，雷云中所带电荷迅速消失，引起空间电场的突变，使导线上感应的束缚电荷得到释放而成为自由电荷。这些自由电荷以电磁波的速度向导线两端急速涌去，在线路上形成感应冲击波，从而使冲击波所到之处的电压升高，这就是感应雷过电压，如图 4-2 所示。如果线路某处或某一电气设备的对地绝缘较差时，可能会被感应雷过电压击穿。对感应雷过电压的防护，一般采用避雷器。

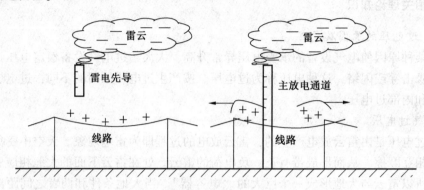

图 4-2　感应雷过电压

2. 内部过电压

内部过电压是指电力系统运行过程中，由于控制设备的操作或接地短路等引起系统的某些参数发生变化，使电力系统发生突变，而在系统上或某些设备上出现的过电压。内部过电压一般为额定电压的 2.5~4 倍。内部过电压根据产生的原因可分为操作过电压、谐振过电压和电弧接地过电压等。

1）操作过电压

开关设备切断电路的电感负载时，因电路电流突然中断，会在电感电路中出现感应电动势；切断空载的线路或并联电容器组时，若断路器熄弧能力差，可能引起电感电容电路的振荡，会产生过电压。这些都是电路操作过程中的过电压，故称操作过电压。

煤矿井下高低压开关目前大量采用真空断路器或真空接触器。真空断路器及真空接触器具有良好的灭弧性能及有较好的频繁操作特性，但在电路分闸或断开井下电气设备时，更会在截流、多次重燃或三相同时开断等原因下导致操作过电压的产生。

（1）截流过电压。真空断路器或真空接触器有较好的灭弧性能，在开断截流时，若使电弧在电流过零前开断，截断电流滞留在电动机或变压器中，此时剩余的能量在电动机或变压器电感绕组和杂散电容间振荡产生较高的截流过电压。截流过电压与真空断路器或真空接触器的截流电力大小以及电路的特征阻抗有关，截流值越高，过电压值越高，陡度越大。

（2）多次重燃过电压。当真空断路器或接触器在电流过零前开断，触头的一侧是工频电网电源，一侧是高频振荡产生的过电压，在触头开距小，触头间耐压不充分的情况下发生重燃并振荡。重燃效率高，重燃的振荡电压相对于截流电压其幅值高、坡度大，这种振荡过程直至绝缘介质的恢复强度超过电压恢复速度才终止。

（3）三相同时开断过电压。一相断开其熄弧产生的高频电流通过三相互耦和中性点叠加在其他未断开的两相工频电流上造成其他两项电弧电流强制过零，使得未断开的亮相随之同时切断。此两相被截断的工频电流更大，从而产生比先断开的一相过电压更高的过电压。

操作过电压一般在 2 倍额定电压下较多，但最高时也会达 3.5~4 倍额定电压。因此，操作过电压出现时，会击穿电气设备绝缘的薄弱环节，造成电气设备损坏。

2）谐振过电压

电力系统中所有电流回路都包含着电感和电容，当这些参数之间符合电路振荡的条件时，电路会发生谐振，因而产生谐振过电压。谐振过电压的幅值不是很高，但持续时间长，因此它会使设备铁芯因过热而烧毁。

3）电弧接地过电压

煤矿井下供电系统采用中性点不接地的系统，故若系统中的某项绝缘损坏而发生接地故障，并在接地故障处产生断续的电弧，则由于电路中电阻—电容的存在，在电路中产生了振荡的过电压，这种过电压称为电弧接地过电压。

（二）井下过电压保护原理

井下过电压的保护有两个方面：一方面是对地面落雷引起的大气过电压侵入的防护，另一方面是井下供电系统内部过电压的防护。对大气过电压入侵的防护是在下井电缆线路的入口处装设阀式避雷器；井下消除内部过电压的方法是在电路中设置阻容吸收电路和并联接入压敏电阻器。

1. 阻容（RC）吸收电路的保护原理

阻容吸收电路如图 4-3c 所示。它主要利用电容器两端电压不能突变的原理，使过电压的尖峰电压被消除，过电压的陡度和幅值降低在设备允许的电压范围内；电阻器的作用是一方面在过电压出现时进行限流，另一方面也限制电容器与电路中的电感可能产生较高的振荡电压，从而保护了电气设备。

(a) QBZ 开关中的阻容吸收保护装置

(b) QBZ 开关中的阻容吸收保护装置外形图

(c)RC 阻容吸收电路

图 4-3　RC 阻容吸收保护器

2. 压敏电阻器的保护原理

压敏电阻器是利用半导体元件的压敏特性，当电压较低时，电阻较大，通过压敏电阻器的电流为漏电流；在电压较高且达到一定值时，电阻减小，通过压敏电阻器的电流大幅增大，从而抑制压敏电阻器两端的电压。压敏电阻器的伏安特性曲线如图 4-4b 所示。电路低电压时，压敏电阻器工作在漏电流区，电路中出现过电压时，压敏电阻器工作在放电区，电阻急剧变小，泄放电流急剧增大，降低过电压峰值。当电压恢复正常后，压敏电阻器也恢复高阻状态，电路又恢复正常工作状态。如果过电压过高，超过压敏电阻器的最高允许电压时，则会出现因电流过大而烧毁。现在大量使用的是氧化锌（ZnO）压敏电阻器。它的电压齐全（几伏至几千伏），通流量大小兼备（从几安到几十千安，甚至上百千安）。

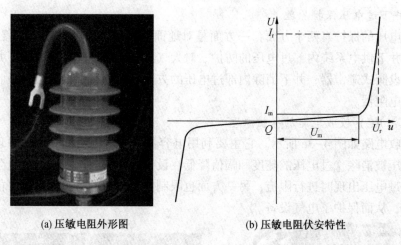

(a) 压敏电阻外形图　　　　　　(b) 压敏电阻伏安特性

图 4-4　压敏电阻器

学习活动 2　工 作 前 的 准 备

【学习目标】

（1）熟悉过电压保护在隔爆开关中的应用。

（2）正确确定和维护保护器件的电压。

（3）能正确安装与维护过电压保护装置。

（4）能简单判断并排除过电压保护装置的常见故障。

一、工具、仪表

常用电工工具 1 套，验电笔 1 个，数字万用表，电容电桥测量仪 1 台。

二、设备

QBZ 系列隔爆电磁启动器。

三、材料与资料

QBZ 系列隔爆电磁启动器产品说明书，过电压保护资料，工作服、绝缘手套、绝缘靴，记录用的纸、笔等。

学习活动 3　现　场　施　工

【学习目标】

（1）熟悉过电压保护在隔爆开关中的应用。

（2）正确确定和维护保护器件的电压。

（3）能正确安装与维护过电压保护装置。

（4）能简单判断并排除过电压保护装置的常见故障。

【实训课时】

4 课时。

【任务实施】

一、过电压保护在隔爆开关中的应用

井下低压隔爆自动馈电开关和隔爆电磁启动器现已基本应用于真空断路器和真空接触器，因此都设置有过电压保护环节。下面分析井下各种开关设备中的过电压保护。

1. QBZ 系列隔爆电磁启动器的过电压保护

QBZ 系列隔爆开关电磁启动器内部结构如图 4-5 所示。QBZ 系列隔爆电磁启动器的 RC 过电压保护吸收电路如图 4-6 所示。如图 4-7a 所示，在电路中，当真空接触器断开异步电动机并产生过电压时，C1、C2、C3 利用电容器两端电压不能突变的特点，将过电压产生的很陡的波形削低，R1、R2、R3 用于增强线路的绝缘，R4、R5、R6 用于限制保护电路的电流。对于井下的大多数真空断路器的低压开关，基本上都采用上述 RC 电路并接入电路中进行过电压保护。

1—阻容吸收器；2—中间继电器；3—熔断器；4—真空接触器；

5—隔离开关；6—电动机综合保护

图 4-5　QBZ 系列隔爆开关电磁启动器内部结构图

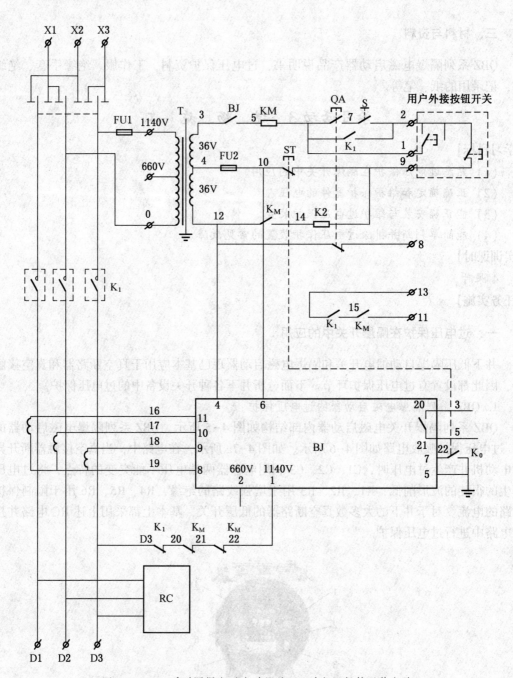

图 4-6 QBZ 系列隔爆电磁启动器的 RC 过电压保护吸收电路

2. 隔爆式高压配电柜的过电压保护

目前，很多高压配电柜的过电压保护采用的是压敏电阻器。如图 4-7b 所示，在电路中，若出现过电压，压敏电阻器 R_v 将有效地发挥作用，它将电路产生的过电压削减在 2.6 倍的额定电压的范围内。

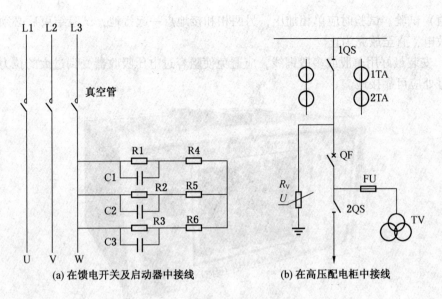

(a) 在馈电开关及启动器中接线　　　　(b) 在高压配电柜中接线

图4-7　过电压保护电路接线图

二、保护器件电压的确定及维护

保护器中器件的参数确定很重要，它关系到过电压保护是否能正常工作。保护电路的参数有很多项，现主要介绍保护器件的电压保护电平 U_p 和最大持续运行电压 U_c 的确定。

RC 阻容电路和压敏电阻器组成的过电压保护电路既要保证系统的正常运行，又要保证过电压出现时，电气设备的绝缘不被冲击电压击穿，因此保护器件的电压保护电平按下式确定：

$$U_m \leqslant U_p \leqslant U_{sh}$$

式中　U_m——供电线路正常工作的最大电压，V；

　　　U_p——保护器件的电压保护电平（即残压），V；

　　　U_{sh}——被保护电气设备能承受的冲击耐压，V。

由于过电压保护器件都采取星形接法接入电路，所以保护电路中电容器和压敏电阻器的耐压为相电压，按产生过电压时它们的相电压为额定相电压的 2~4 倍计，确定保护器件的最大持续运行电压（额定电压）U_c 可按线路额定电压的 2 倍选择。

为了保证过电压保护电路能正常发挥作用，要定期检查，检查内容主要是看电路的器件是否有击穿烧坏的痕迹或电路连接断开的现象，如发现有器件被烧坏，应予更换。如发现线路断开，应重新连接。

三、验收及安装

（1）检查阻容过电压吸收器外观质量及金属附件的状态。

（2）用电容电桥测量仪（图4-8）测量电容值、$\tan\delta$ 和电阻值，并观察是否与出厂值有变化。

（3）1 min 工频耐压试验按出厂试验值的 75% 进行试验，也可用直流电压（2 倍的工频耐压值）试验。试验时应单相加压，另两相和接地点一起接地，试验结束后必须对其进行充分放电，直至放完为止。

（4）安装最好用单股或多股铜线，应避免使阻容过电压吸收器受到过大的拉力。标有接地符号处应可靠接地。

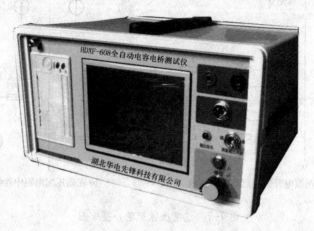

图 4-8　电容电桥测量仪

四、使用与维护

（1）阻容过电压吸收器为免维护型设备，在使用后退出或检查时，必须对其进行充分的放电，直至放完为止，否则会危及人身安全。

（2）过电压吸收器每年必须做一次预防性试验，耐压试验可以采用工频或直流中的任何一种，试验电压和验收试验相同。用电容电桥测量仪测量电容器的（不包括电阻）电容值和 $\tan\delta$ 值看是否有变化，以此来判断是否能继续运行，同时应做好测试数据记录，以便与出厂数据比较。

五、故障的判断方法

阻容过电压吸收器在投入运行前用精度较高的电容电桥测量仪测量阻容过电压吸收器电容器部分的电容值及 $\tan\delta$ 值。在做预防性试验时，应该用同一台电容电桥测量仪测量电容值和 $\tan\delta$ 值，并与前一次测量值比较，看有无变化。电容量增大，说明电容器内部有故障，应及时更换。测量的 $\tan\delta$ 值有明显增大时，应更换。

有条件做耐压试验时，可采用工频耐压或直流耐压中的任何一种，其耐压值与验收试验相同，试验时不出现闪络或击穿，便继续运行，否则必须更换。

六、阻容过电压吸收装置实训步骤

1. 实训准备

（1）分组准备。在实习指导教师的组织下，由实习学生参与，根据场地及工位情况将全体人员分成若干小组并制定小组负责人。

（2）场地、设备及材料准备。在实习指导教师的指导下，由实习学生参与进行实习场地的整理、实习设备的布置及材料的分发。

（3）仪器、仪表及电工工具准备。在实习指导教师的指导下，由实习学生参与进行实习用的仪器、仪表的布置或分配及电工工具的分发。

2. 开门操作

在实习指导教师的指导下，由学生按照要求和正确的步骤停电、解除机械闭锁、打开电磁启动器的前门。

3. 阻容吸收装置的验电、放电

在实习指导教师的指导下，学生用验电笔按照正确的方法测量阻容吸收装置各器件有无余电，然后进行放电。

4. 阻容吸收装置的检查

在实习指导教师的指导下，学生用万用表、电容电桥测量仪按照正确的操作方法检查电容器、电阻元件的好坏。

5. 清理现场

操作完毕，学生在指导教师的监护下，收拾工具器材、仪表及设备，整理工作场所，并请指导教师验收。

学习任务二　人体触电与急救的安全技术措施

【学习目标】

（1）了解电流对人体的伤害。

（2）了解触电的方式。

（3）会进行触电急救操作。

【建议课时】

6课时。

【工作情景描述】

尽管供电系统设置多种保护措施，但由于保护设备管理不到位或操作不规范等原因，因此难免会造成触电事故，影响生产甚至危及工作人员的生命。

如果在井下有人触电，应该如何实施救助。

学习活动1　明确工作任务

【学习目标】

（1）了解电流对人体的伤害。

（2）了解触电的方式。

（3）会进行触电急救操作。

【建议课时】

2课时。

一、工作任务

在发生触电危险后，对触电者要进行现场抢救，抢救措施必须处理迅速、措施得力、方法正确，使触电者得到及时救助。

二、相关理论知识

(一) 触电的类型及影响因素

1. 触电的类型

触电对于人体的破坏程度很复杂，一般来说，电流对人体的伤害分为两大类，即电击和电伤。

1) 电击

电击是指电流流过人体内部，造成人体内部组织的破坏和损伤。电击时轻者造成发热、发麻、神经麻痹，严重时将引起昏迷、窒息、心脏停博、血液循环终止而死亡，通常说的触电，多指电击，触电死亡中大多数也是因电击造成。

2) 电伤

电伤是指强电流瞬间通过人体的局部或者是电弧对人体表面的烧伤。电伤的表现形式有以下3种：

(1) 电灼伤。电灼伤分为接触灼伤和电弧灼伤两种。接触灼伤，发生在高压触电事故时，在电流通过人体皮肤的进、出口处造成的灼伤。一般电灼伤伤口入口比出口处的灼伤更加严重。电弧灼伤，主要发生在误操作产生的电弧、带电作业时短路产生的电弧或人体过分的接近高压带电体产生放电电弧，极高的电弧温度将皮肤烧伤。

(2) 皮肤金属化。由于电弧的温度极高（6000~8000 ℃），使电弧周围的金属熔化、汽化后飞溅到受伤皮肤的表层，使皮肤金属化。

(3) 电事故往往还会伴随着其他的伤害。如高空作业时引起的坠落摔伤；水中作业时引起的溺水死亡等。

2. 触电的影响因素

触电对人体的危害程度是由多种因素决定的，但触电电流的大小、频率及流经人体的部位是最主要的原因，其中人体触电电流的大小最为关键，人体触电电流越大，对人体组织的破坏程度也越大，因此也更危险。人体触电电流达到30~50 mA就会有危险，因此交流电的极限安全电流值为30 mA。

1) 触电电流

(1) 触电电流类型：按照触电电流对人体伤害程度的不同分为4类，即感知电流1 mA、摆脱电流10 mA、安全电流30 mA、致命电流50 mA，见表4-1。

表4-1　触电电流对人体的伤害

通过人体电流/mA	产生的影响
几十至几百微安	略有发麻，对人体有利（电疗）
1 mA 左右	有麻痛的感觉

表 4-1(续)

通过人体电流/mA	产生的影响
< 10	能摆脱电源, 不致造成事故
> 30	感觉麻痹或剧痛, 呼吸困难, 有生命危险
达到 100	很短时间就能使呼吸窒息, 心跳停止

感知电流: 能够引起人们感觉的最小电流。感知电流值因人而异, 总体上成年男子感知电流平均值约为 1 mA, 而成年女子约为 0.7 mA。

摆脱电流: 人能忍受并能自动摆脱电源的通过人体的最大电流。平均值为 10 mA。

安全电流: 使人不发生心室颤动的最大人体电流。在一般的场合可以取 30 mA 为安全电流, 即认为 30 mA 是人体可以忍受而又无致命危险的最大电流; 而在高危场合应取 10 mA 为安全电流; 在水中或者在高空应选 5 mA 为安全电流。

致命(室颤)电流: 在较短的时间内危及生命的最小电流。当通过人体的电流强度超过 50 mA, 时间超过 1s 就可能发生心室颤动和呼吸停止, 即 "假死" 现象(正常情况下成人的心率平均值为 75 次/min, 当发生心室颤动时心率将达 1000 次/min)。

(2)触电电流大小: 人体触电电流的大小与接触电压的高低和人体电阻的大小有关。

人体电阻: 包括体内电阻和皮肤电阻。体内电阻值较小, 且不受外界影响。皮肤电阻是指皮肤角质层的电阻, 它会受到如环境、皮肤损伤和触电电压等影响, 变化较大。当皮肤干燥、完整时, 人体电阻达到 10 kΩ; 而潮湿或受损伤时, 人体电阻会降低到 1 kΩ 左右。故一般计算时, 人体电阻值以 1 kΩ 计。在人体电阻一定时, 人体接触的电压越高, 流过人体的触电电流就会越大, 但在人体触电时, 电压越高, 人体电阻会因人体发热出汗、皮肤角质层炭化或击穿而急剧下降, 触电电流迅速增加, 增大触电的危险性。

安全电压: 把人体触电电流的安全极限值与人体电阻相乘, 即可确定人体触电的安全电压。使通过人体的电流不超过允许范围的电压值, 也称安全特低电压。

国际电工委员会(IEC)规定的接触电压限值(相当于安全电压)为 50 V、并规定 25 V 以下不需考虑防止电击的安全措施。我国规定工频电压有效限值为 50 V, 直流电压的限值为 120 V。潮湿环境中工频电压有效限值为 16 V, 直流电压的限值为 35 V。工频交流电接触的安全电压为 50 V 以下, 额定安全电压等级为 42 V、36 V、24 V、12 V、6 V。一般场所采用的安全电压为 36 V, 特别危险的场所则用 12 V 的安全电压。

2)触电时间

人体触电电流与触电时间有关, 触电的时间越久, 人身电阻会越小, 使触电电流增大。因此, 我国规定人体触电电流与触电时间乘积不得超过 30 mA·s。

3)触电频率

实验证明, 40~60 Hz 的交流电对人最危险。

4)触电途径

触电电流流过人体的途径不同, 损伤的严重程度也不同, 电流从人体的左手流经至前胸时, 对人体的伤害最严重。另外, 人的性别、健康状况、精神状况不同, 触电的伤害程度也不同。

（二）触电方式

按接触电源时的情况不同，触电方式可分为单相触电、两相触电和跨步电压触电3种。

1. 单相触电

人体直接碰触带电设备其中一相时，电流通过人体流入大地，这种触电方式称为单相触电，如图4-9所示。在低压供电系统中发生单相触电，人体所承受的电压几乎就是电源的相电压220 V。对于高压带电体，人体虽未直接接触，但由于超过了安全距离，高电压对人体放电，造成单相接地而引起的触电，也属于单相触电。单相触电最常见，占触电事故的75%。

造成单相触电原因（用电不规范）：触碰，如碰头线、拦腰线、地爬线；搭线，弱电线（如电话线、广播线）搭接电力线；断线，电力线断落在游泳池、河流、地面；碰壳，电器外壳带电。

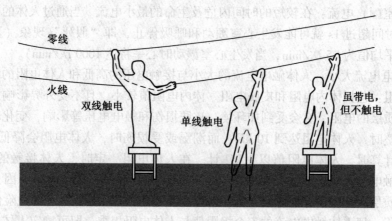

图4-9 单相触电

2. 两相触电

人体同时接触两根相线，电流从一根相线经人体流到另一相线，形成回路，这种触电方式称为两相触电，如图4-10所示。若人体触及一相火线、一相零线，人体承受的电压为220 V；若人体触及两根火线，则人体承受的电压为线电压380 V。两相触电对人体的危害更大，占触电事故的15%。

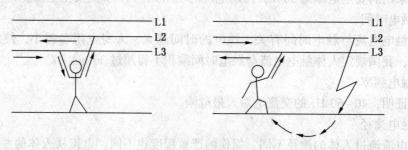

图4-10 两相触电

3. 跨步电压触电

当电气设备发生接地故障，接地电流通过接地体向大地流散，在地面形成电位分布，若人在接地短路点周围走动，其两脚间的电位差就是跨步电压，如图 4-11 所示。由跨步电压引起的触电称为跨步电压触电。高压故障接地处，或有大电流流过的保护接地装置附近都可能出现较高的跨步电压。离接地点越近、两脚距离越大，跨步电压值就越大。一般 10 m 以外就没有危险。

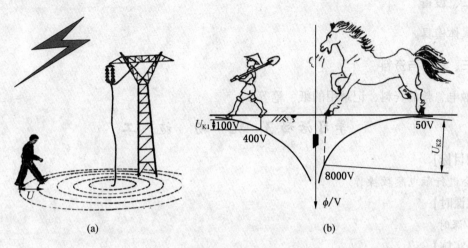

图 4-11 跨步电压

(三) 预防触电的措施

1. 避免触电

(1) 将裸露导体的带电设备安装在一定高度以上。例如，井下电机车架空线的敷设高度，在行人巷道不得低于 2 m，不行人巷道内不得低于 1.8 m，井底车场内不得低于 2.2 m。

(2) 将易接触 (近) 的电气设备置于封闭的外壳内或设置栅栏，将带电设备隔离。设闭锁装置，以防带电打开外壳或栅栏。

(3) 将操作时需触及的电气设备加强绝缘，如煤电钻手把上再加一层绝缘套。

2. 减少触电危险

(1) 对经常接触的电气设备采用低压供电，如煤电钻及井下照明、信号设备工作电压不得超过 127 V，开关的控制电路电压不得超过 36 V。

(2) 将电气设备的金属外壳接地，以减小其内部绝缘损坏使外壳带电而对人造成的危害。

(3) 井下供电的变压器中性点严禁直接接地。

(4) 井下中性点不接地电网中加设漏电保护装置。

学习活动 2 工作前的准备

【学习目标】

(1) 了解电流对人体的伤害。

（2）了解触电的方式。

（3）会进行触电急救操作。

一、工具

本次活动不需要。

二、设备

人体模具。

三、材料与资料

触电急救的资料，记录用的纸、笔等。

学习活动3 现 场 施 工

【学习目标】

会进行触电急救操作。

【建议课时】

4课时。

【任务实施】

当发现有人触电时，首先是尽快使触电者脱离电源，然后再根据触电者的具体情况尽快进行抢救。

一、快速切断电源

1. 使触电者脱离电源的方法（图4-12）

（1）如果附近有电源开关，可以立即把电源断开，切断电源。

（2）如果触电的地点没有电源开关，可以用其他带有绝缘的器具强行切断电源。

（3）如果是电线落压在触电者身上或触电者把电线压在身下，可以用干燥的木棒或木板等绝缘物把电线挑开或用干燥的衣服、手套等拉开触电者，使其脱离电源。

（4）如果触电者的衣服是干燥的，抢救者也可以用一只手直接去拉触电者的衣服，使其脱离电源，但不得触及带电着的皮肤或易导电部位，防止触电。

（5）如果触及高压电源，应立即通知有关部门停电；或戴上绝缘手套，穿上绝缘靴，用相应耐压等级的绝缘棒或绝缘钳进行上述脱电工作。

2. 脱离电源时救护者注意事项

（1）救护人员不可用手、其他金属及潮湿的物体作为救护工具。

（2）防止触电者脱离电源后可能的摔伤。

（3）救护者在救护过程中要注意自身和被救者与附近带电设备之间的安全距离。

（4）如事故发生在夜间，应设置临时照明灯。

总之，使触电者越快脱离电源，其触电时所受的伤害就越轻，触电时间越长，伤害就越重。

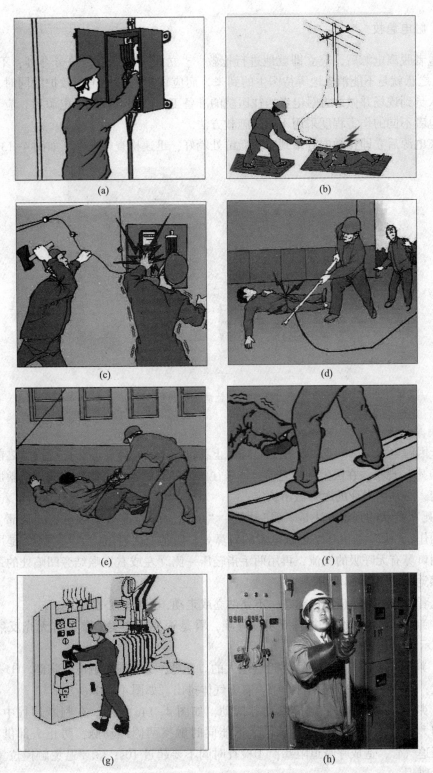

图 4-12　脱离电源的方法

二、触电急救

触电者脱离电源后，应立即就地进行抢救。"立即"之意就是争分夺秒，不可贻误。"就地"之意就是不能消极地等待医生的到来，而应在现场施行正确救护的同时，派人通知医务人员到现场并做好将触电者送往医院的准备工作。触电者脱离电源后，应马上根据现场触电者不同的伤害程度采用不同的施救方法。

脱离电源后立即将触电者抬到空气新鲜处躺好，迅速检查触电者，如图4-13所示。

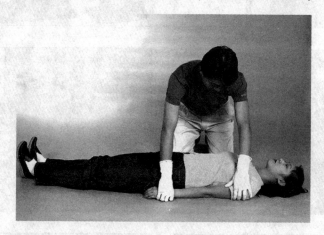

图4-13　触电者的判断

1. 简单诊断

对于因触电而失去知觉，呼吸、心跳停止者，在未经心肺复苏法进行抢救之前，只能视为"假死"现象，在医生到来之前，或送往医院的途中也不可终止抢救。抢救成功或死亡的判定，必须由专业的医师做出认定。

"假死"症状的判定方法是"看""听""试"。"看"是观察触电者的胸部、腹部有无起伏动作；"听"是用耳贴近触电者的口鼻处，听他有无呼气声音；"试"是用手或小纸条试测口鼻有无呼吸的气流，再用两手指轻压一侧（左或右）喉结旁凹陷处的颈动脉有无搏动感觉，如图4-14所示。

触电者神志清醒，应静卧休息，不要站立或走动，以减轻心脏负担。

（1）判断意识：方法是拍打双肩、呼唤，看是否失去知觉，瞳孔有无光反射，如图4-14a所示。

（2）判断呼吸：方法是将耳贴近触电人的口和鼻，头部偏向触电人胸部。①看：胸部有无起伏；②听：有无呼气声；③感：有无气体排出，如图4-14b所示。

（3）判断心跳：方法是触摸颈动脉搏动，如图4-14c所示。在判断过程中要注意：①不能用力过大，防止推移颈动脉；②不能同时触摸两侧颈动脉，防止头部供血中断；③不要压迫气管，造成呼吸道阻塞；④检查时间不要超过10s；⑤要避免触摸位置错误或触摸感觉错误。

根据伤害程度采用不同的救护方法：如已失去知觉，但还有呼吸，则应解开衣、带，

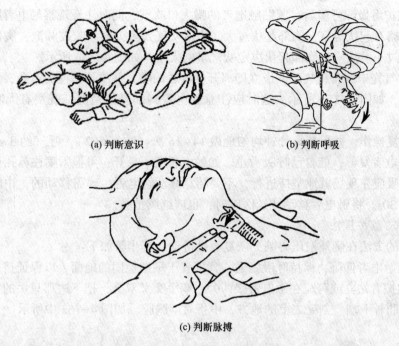

(a) 判断意识　　　　　　　　　(b) 判断呼吸

(c) 判断脉搏

图 4-14　判断意识、呼吸和脉搏

以利呼吸；如已停止呼吸或呼吸不规则，但有心跳，要迅速进行人工呼吸；如已停止心跳或呼吸，或心跳不规则，还须在人工呼吸的同时进行体外心脏按压。人触电以后，总会出现神经麻痹、呼吸中断、心脏停止跳动等现象，在外表上呈昏迷不醒的状态。这可能是假死，不应当认为是死亡，要立即进行抢救，而且越快越好。

就地抢救的同时应向上级反应情况，并与急救中心联系请求救援。

2. 人工呼吸法

（1）迅速解开触电者衣扣、裤带和紧身内衣等，让其胸腹能够自由扩张，使触电者仰卧屈膝、腹部肌肉放松；打开触电者的嘴，清除口腔中的呕吐物，摘下活动假牙，如舌头后缩，应将之拉出，以不妨碍呼吸为准；然后是触电者头部尽量后仰、鼻孔朝天，这样舌根就不会阻碍气流，如图 4-15a 所示，通过上述措施，保证触电者呼吸舒畅。

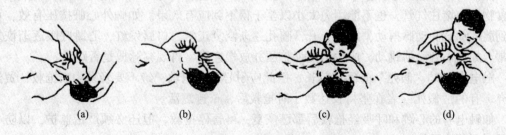

(a)　　　　　(b)　　　　　(c)　　　　　(d)

图 4-15　人工呼吸法

（2）救护者跪在触电者头部一侧，一手紧捏触电者鼻孔不要漏气，另一手扶着触电者的下颚使其嘴张开，如图 4-15b 所示。

149

（3）救护者做深呼吸后，紧贴触电者的嘴大口吹气，同时注意观察触电者胸部是否扩张，以胸部略有起伏为宜，胸部起伏过大，表示吹气太多，容易吹破肺泡，胸部无起伏表示吹起用力过小。故应按胸部起伏决定吹气量的大小，如图 4-15c 所示。

（4）吹气完毕准备换气时，应立即离开触电者的嘴，并放开紧捏的鼻孔，让触电者自动向外呼气，如图 4-15d 所示。这时应注意触电者胸部复原情况，观察有无呼吸道梗阻现象。

照此反复操作，并保持每分钟均匀地做 14~16 次（吹气约 2 s，呼气约 3 s，约 5 s 一次）直至触电者复苏，能自己呼吸为止。如触电者嘴不易开，可捏紧嘴往鼻孔里吹气。

人工呼吸应在现场就地坚持进行，不要随意移动触电者，确需移动的，中断抢救时间也不要超过 30s。将触电者移动或送医院时，也应继续抢救。

3. 胸外心脏按压法

用人工的方法在胸外按压心脏，恢复心脏搏动，其步骤如下：

（1）使触电者仰卧，保持呼吸畅通，背部置于平整稳固的地面，以保证挤压效果。

（2）救护者站立或跨跪在触电者腰两旁，双手交叉双叠，把下边那只手的掌根放在触电者左乳头肋骨下端、剑突之上的地方，中指对准胸腔，如图 4-16a 中所示。

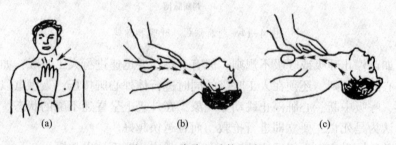

图 4-16　胸外心脏按压法

（3）选好正确的压点后，救护者肘关节伸直借助自己的体重用力冲击性地按压触电者胸骨，压陷深度 3~4 cm，如图 4-16b 所示。

（4）按压后，掌根迅速放松但不要离开胸部，让胸廓自行弹起，如图 4-16c 所示。

（5）反复有节奏地进行按压和放松，每分钟为 60~80 次，直至复苏为止。

操作时要特别注意：按压时，用力不宜太大，以防肋骨骨折或引起内脏损伤，或把胃中食物压出堵住气管，也不能用力太小以至于得不到应有效果。如胸外心脏按压有效，可摸到腔部动脉和动脉搏动，血压上升，瞳孔逐渐恢复正常，口唇发红，心跳呼吸逐渐恢复正常。如摸不到脉搏跳动，应适当加强挤压并放慢速度，再观察脉搏是否跳动。

触电者有时"假死"时间比较长，因此应耐心进行抢救，绝不要轻易中断抢救，贸然放弃。有的"假死"者在坚持长达数小时抢救后，奇迹复活。

如触电者的心跳和呼吸经抢救后都已恢复，可暂停抢救，但还必须严密监护，以防心跳及呼吸再次骤停。

三、触电急救实训步骤

（1）分组准备：清点人数，在指导老师的组织下，分组并指定小组负责人。

（2）根据所学触电急救知识，并按照老师的要求口述使触电者脱离电源的方法。

（3）对触电者进行简单判断的方法：小组之间可以随意指定一个触电者，其余学生轮换对触电者的触电程度进行简单判断，并将判断结果进行记录。

（4）人工呼吸法的演练：用准备好的人体模具进行演练，演练过程严格按照人工呼吸法的正确步骤进行，每一步都要准确到位，切勿因着急、情绪不稳影响抢救。

（5）胸外心脏按压法的演练：用准备好的人体模具进行演练，演练过程严格按照胸外心脏按压法的正确步骤进行，每一步都要准确到位，切勿因着急、情绪不稳影响抢救。

（6）清理现场。

学习任务三 风电闭锁的安全技术措施

【学习目标】

（1）了解风电闭锁保护装置的原理。

（2）掌握 QBZ-120（2×80）型矿用隔爆风电闭锁真空电磁启动器的电气原理。

（3）能正确使用、维护风电闭锁保护装置。

（4）能对常见故障进行简要分析，并正确处理。

【建议课时】

8 课时。

【工作情景描述】

在采区的生产系统中，掘进工作面处于生产系统的最前端，而且多数为独头巷道掘进，矿井主通风系统风流中新鲜空气不容易进入，因此最容易引起瓦斯的积聚，发生事故的概率非常大。一般的，掘进工作面采用局部通风机进行通风，在通风机停止送风时，如果工作面仍然送电，则电火花就容易使瓦斯、煤尘发生爆炸。因此，在工作面停风时，必须停止工作面的供电，以防止事故发生。掘进工作面的通风和送电示意图如图 4-17 所示。

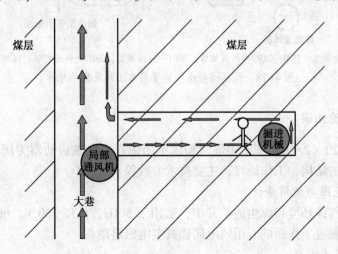

图 4-17 掘进工作面的通风和送电示意图

学习活动1 明确工作任务

【学习目标】

(1) 了解风电闭锁保护装置的原理。

(2) 掌握 QBZ-120（2×80）型矿用隔爆风电闭锁真空电磁启动器的电气原理。

【建议课时】

4 课时。

一、工作任务

为了满足"送电先送风，停风必断电"的技术要求，控制局部通风机的开关和掘进工作面的电源开关在控制上就必须联锁，这就是掘进工作面的风电闭锁保护装置。

掘进工作面的风电闭锁保护装置的工作原理如图 4-18 所示。图中，主回路用单线绘制，控制回路则未完全画出，控制局部通风机的启动器为 1QC，控制掘进工作面电源的启动器为 2QC。从图中可以看出，2QC 的启动，受控于 1KM3；只有当 1QC 开关启动，局部通风机运转后，1QC 开关接触器的触点 1KM3 闭合后，2QC 开关才能启动，为掘进工作面送电；一旦局部通风机停止运转，停止向工作面送风，开关 1QC 断电，接触器 1KM 断电，常开触点 1KM3 断开，则开关 2QC 立即断电，工作面的电源立即断开，这样就实现了风电闭锁的技术要求。

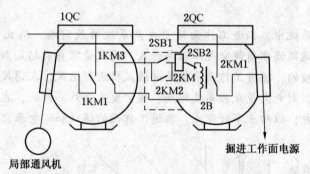

1KM—1QC 中的接触器；2KM—2QC 中的接触器；2SB1—启动按钮；2SB2—停止按钮；1KM3—风电闭锁触点

图 4-18　风电闭锁保护装置基本工作原理示意图

二、相关理论知识

现以 QBZ-120（2×80）型矿用隔爆型风电闭锁真空电磁启动器为例，介绍风电闭锁真空电磁启动器的结构、工作原理、主要技术参数等。

（一）适用范围与使用条件

用于爆炸性气体环境和煤尘的矿井中，适用于 50Hz，低压 380 V、660 V、1140 V 的电路中，是煤矿掘进工作面的专用风电闭锁真空电磁启动器。

（二）主要技术参数

(1) 启动器采用 JDB-80（120、225）型电动机综合保护器，作为过载、短路、单相、漏电闭锁等保护。

（2）启动器的电气绝缘强度要求：主回路为1140 V时，工频耐压4200 V（有效值），历时1 min无击穿闪络现象；主回路为660 V时，工频耐压2500 V（有效值），历时1 min无击穿闪络现象。

（三）结构特点

启动器的外形如图4-19所示。该启动器的外壳为圆筒型，圆筒两端具有突出的两个盖子；外壳上部为接线箱，用以电源线的引进和引出。电缆用压盘式和压紧螺母式引入装置进行固定和密封，以保证隔爆性能，结构如图4-20所示。

图4-19 QBZ-120（2×80）型矿用隔爆风电闭锁真空电磁启动器的外形

（1）启动器的外壳右边有用以分断和接通隔离开关的手柄。手柄上部有两组按钮：一组按钮是控制两台通风机的启动按钮1SB1和停止按钮1SB2。停止按钮1SB2和换向隔离开关的手柄之间存在机械闭锁，只有在按下停止按钮后，才能够操作隔离开关，这样就能保证隔离开关只能在无负荷的情况下进行操作。另一组按钮为启动按钮2SB1和停止按钮2SB2，用以控制向工作面馈电。两组按钮在电路上存在电气闭锁，只有在按下1SB1按钮，局部通风机正常运转后，经过一定时间的延时，掘进工作面正常供风后才能够按下启动按钮2SB1向工作面馈电。

（2）启动器的外壳内部装有两套启动控制电路的芯体，分别用于控制局部通风机及向工作面馈电。

（3）启动器的上部是接线箱，内部具有14个接线柱，如图4-21所示。各接线柱的作用是：X1、X2、X3，电源接线柱；D11、D12、D13，局部通风机接线柱；D21、D22、D23，向工作面馈电的电缆接线柱；D31、D32、D33，备用局部通风机接线柱；WD、9，瓦斯电闭锁接线柱。

（四）电气工作原理

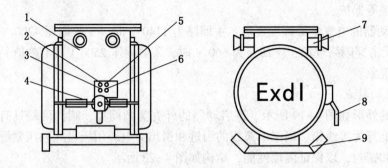

1—壳体；2—局部通风机启动按钮 1SB1；3—局部通风机停止按钮 1SB2；
4—隔离开关与前盖的机械闭锁螺栓；5—掘进电源启动按钮 2SB1；
6—掘进电源停止按钮 2SB2；7—电缆接线喇叭口；8—换相隔离开关 QS；9—底架

图 4-20　QBZ-120（2×80）型矿用隔爆风电闭锁真空电磁启动器的外形结构图

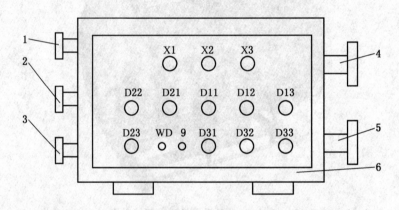

1—电源进线接线口；2—馈电接线口；3—控制线接线口；4—局部通风机接线口；
5—备用局部通风机接线口；6—接线箱箱体

图 4-21　QBZ-120（2×80）型矿用隔爆风电闭锁真空电磁启动器接线箱接线柱的布置图

QBZ-120（2×80）型矿用隔爆风电闭锁真空电磁启动器的电气工作原理图如图 4-22 所示。

（1）合上换向隔离开关 QS，控制变压器 KB 有 36 V 交流电输出，电动机综合保护器 JDB 内部漏电检测电路投入工作，若电网绝缘情况满足要求，继电器的常开触头 3、4 闭合，为给控制线路供电做好准备。

（2）按下启动按钮 SB1，中间继电器 K1 线圈有电吸合，常开触点使接触器 KM1 有电吸合，通过自身常开触点 KM13 进行自保，主触点闭合，局部通风机运转，开始向掘进工作面送风。同时，串接在时间继电器 KT1 回路的常开触点 K14 闭合，时间继电器有电，开始延时。延时结束后，才能闭合其在中间继电器 K2 控制回路的常开触点 KT17，达到了在风机正常运转后向工作面延时供电的目的。

（3）按下启动按钮 SB2，中间继电器 K2 的控制回路在 JDB 电动机综合保护器常开触点闭合、时间继电器 KT1 的常开触点闭合、瓦斯报警断电仪 KGJ15 的常开触点 21、97 闭合的条件下有电吸合，常开触点 K23 闭合，KM2 直流启动回路有电，使接触器 KM2 主触点吸合，并通过自身常开触点 K23 自保，开始向掘进工作面馈电。

（4）延时继电器的延时时间为 0~10 s。如果调整在 0 时，则在局部通风机启动后，在任何时间由人工控制向工作面馈电；人工调整在其他位置，则在调整的延时时间后自动向工作面馈电。

（5）启动器的风电闭锁是由 K1 和 KT1、K2 来实现的。当 K1 有电吸合，局部通风机运转后，通过 K1 的常开触点 K14 闭合时间继电器 KT1 回路，KT1 有电延时吸合，常开触点 KT17 闭合，K2 控制回路才会有电吸合，KM2 才能吸合，向工作面馈电。如果 K1 断电，局部通风机停止运转，则 K14 立即断开，时间继电器 KT1 立即断电释放，KT17 断开，接触器 KM2 断电释放，停止向工作面馈电。这样就实现了"送电先送风，停风必断电"的风电闭锁功能。

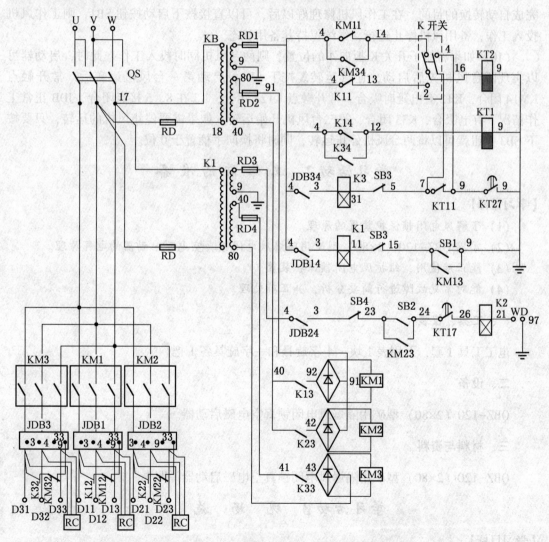

图 4-22 QBZ-120（2×80）型矿用隔爆风电闭锁真空电磁启动器的电气工作原理图

155

（6）在正常工作时，如果按下停止按钮 SB4，则工作面停止馈电，但是局部通风机仍然能够继续运转。

（7）启动器可以和甲烷传感器配合使用，达到瓦斯电闭锁的目的。

（8）当工作面的设备或者供电电缆需要检修、更换时，可以按下停止按钮 SB4，停止向工作面馈电，但是局部通风机正常运转。为了使工人作业安全，在启动按钮 SB2 上安装了机械闭锁装置，作业时电工可以用专用工具锁紧，无专用工具无法送电，这样就保证了电工的作业安全。

（9）若掘进工作面需要备用风机，启动器可以实现备用风机自动转换。可以将钮子开关 K 扳向 2 位置，接点 13 和 7 接通，当工作风机因故停止运行时，K1、KM1 均断电释放，常闭触点 K11 和 KM11 闭合，时间继电器 KT2 有电，经过延时后吸合，常开触点 K27 闭合，K3 在 JDB3 正常的情况下有电吸合，K33 闭合，KM3 有电吸合，使备用风机运转，完成自动转换的目的。在工作风机修理好以后，可以直接按下启动按钮 SB1，则工作风机投入工作，备用风机停止运行，继续保持其备用状态。

（10）如果将钮子开关 K 扳向 4 的位置，则两台风机同时投入工作。此时，启动器可以实现两台风机先后启动，连续运转。按下 SB1，启动第一台风机运转后，常开触点 KM14 闭合，KT2 有电延时吸合，常开触点 KT27 闭合，K3 在 8、5 接点闭合、JDB 正常工作情况下有电吸合，K33 闭合，第二台风机开始运转。如果需要停止风机的运转，只要按下 SB3 按钮就可以将两台风机停止运转，同时将换向手柄置于 0 位。

学习活动 2　工作前的准备

【学习目标】

（1）了解风电闭锁保护装置的原理。

（2）掌握 QBZ-120（2×80）型矿用隔爆风电闭锁真空电磁启动器的电气原理。

（3）能正确使用、维护风电闭锁保护装置。

（4）能对常见故障进行简要分析，并正确处理。

一、工具、仪表

电工工具 1 套，万用表 1 块，十字旋具和一字旋具各 1 把。

二、设备

QBZ-120（2×80）型矿用隔爆风电闭锁真空电磁启动器。

三、材料与资料

QBZ-120（2×80）型矿用隔爆风电闭锁真空电磁启动器说明书。

学习活动 3　现　场　施　工

【学习目标】

（1）能正确使用、维护风电闭锁保护装置。

（2）能对常见故障进行简要分析，并正确处理。

【建议课时】

4 课时。

【任务实施】

一、安装与调试要求

（1）启动器应选择合适的地点放置，顶、底板牢固，无淋水。

（2）启动器的进出线要按照要求进行接线，并且保证接线质量合格、完好。

（3）安装前检查启动器的外壳等是否完好，保护接地装置是否齐全完好。

（4）检查按钮和各继电器、接触器的触点是否完好、灵活。

（5）时间继电器和过流保护整定至要求数值。

（6）如果掘进工作面没有瓦斯电闭锁只有风电闭锁或者在维修试车时，要将 WD 和 9 接线柱短接。

（7）如果工作面只有一台风机工作，应将钮子开关 K 扳到位置 2 上。

（8）接好线，调试完成后，可以投入工作。

二、故障分析及处理

QBZ-120（2×80）型矿用隔爆风电闭锁真空电磁启动器的常见故障及处理方法见表4-2。

表 4-2　QBZ-120（2×80）型矿用隔爆风电闭锁真空电磁启动器的常见故障及处理方法

现　　象	原　　因	处　理　措　施
按下 SB1 时，接触器 KM1 不吸合	1. 按钮损坏或触点接触不良。 2. 36 V 电源中断。 3. 整流桥损坏。 4. 接触器吸合线圈损坏。 5. JDB 漏电闭锁动作。 6. 中间继电器 K1 损坏	1. 更换按钮，用锉刀或砂纸处理好触点。 2. 检查 QS 是否合上，RD 是否熔断，KB 绕线是否断路。 3. 更换坏的二极管。 4. 更换接触器吸合线圈。 5. 找出漏电故障点，并做处理。 6. 修理 K1 或更换
SB1 松开后不自保	KM 辅助触点接触不好	修理好触点
RD 熔断器烧毁	控制变压器 KB 线圈或引出线短路	1. 查出短路处。 2. 更换变压器线圈
按下 SB2 时，接触器 KM2 不吸合	除 KM1 不吸合外，还可能有如下原因： 1. 中间继电器 K23 常开触点不接触。 2. 瓦斯报警信号不接触。 3. KT14A 损坏	1. 修理触点或更换。 2. 修理好瓦斯报警仪。 3. 更换时间继电器 KT14A

表 4-2（续）

现　象	原　因	处　理　措　施
过载时，保护器不动作	JDB 整定电流太大	重新调整，使整定电流合适
换向隔离开关合上后，备用风机启动	时间继电器 JS2 设定的延时太短	1. 将 KT2 延时设定在 5 s 以上。 2. 隔离开关合上后在 5 s 内按下 SB1 启动工作风机

三、QBZ-120（2×80）型矿用隔爆风电闭锁真空电磁启动器的常见故障分析实训步骤

1. 实训准备

（1）分组准备。在实习指导教师的组织下，由实习学生参与，根据场地及工位情况将全体人员分成若干小组并指定小组负责人。

（2）场地、设备及材料准备。在实习指导教师的指导下，由实习学生参与进行实习场地的整理、实习设备的布置及材料的分发。

（3）仪表、旋具和电工工具准备。在实习指导教师的指导下，由实习学生参与进行实习用的仪表、旋具和电工工具的分发。

2. 故障信息收集

（1）在实习指导教师的许可和监护下，送电（允许的话）进一步查看故障现象及收集相关信息。

（2）将收集到的故障信息进行分类，并详细记录。

3. 故障分析

在实习指导教师的指导下，学生根据故障现象进行分析排查。

（1）针对所出故障的各种现象和信息进行原因分析，明确造成该故障的各种可能情况，并一一列出来。

（2）先在电路图中标出故障范围，对照实物列出可能的故障元件或故障部位。

（3）根据该风电闭锁组合开关的情况及故障元件或故障部位出现的频率及查找的难易程度，明确查找故障元件或故障部位可能的次序。

4. 确定故障点，排除故障

经实习指导教师检查同意后，学生根据自己对故障原因的分析，进行故障排除。

（1）依照查找故障可能的次序，选用正确的仪表、工具逐一排查，直到检查出故障元件或故障部位。

（2）若带电操作，必须在指导教师的许可和监护下按照操作规程进行。

（3）选用正确的方法及合适的仪器、仪表、工具进行更换或修复电气元件等操作排除故障。

（4）在故障排除过程中，要规范操作，严禁扩大故障范围或产生新的故障。

5. 排除故障后通电试运行

故障排除后，要在实习指导教师的许可和监护下送电试运行，以观察风电闭锁组合开

关的运行情况，确认故障已排除。

（1）通电。在实习指导教师的许可和监护下，进行送电，操作风电闭锁组合开关进行启动。

（2）运行。风电闭锁组合开关启动后，观察运行状态，用仪表测量电流、电压值，并记录试运行参数。

（3）断电。

6. 清理现场

操作完毕，学生在指导教师的监护下，关闭电源、拆线；收拾工具器材、仪表及设备，整理工作场所，并请指导教师验收。

学习任务四　瓦斯电闭锁的安全技术措施

【学习目标】

（1）熟悉 KGJ15 型智能遥控甲烷传感器的结构、特点。

（2）能正确使用、维护 KGJ15 型智能遥控甲烷传感器，实现瓦斯电闭锁保护。

【建议课时】

8 课时。

【工作情景描述】

在煤炭的开采过程中，不可避免地会产生大量的瓦斯气体，虽然采取了各种通风措施，但是仍存在着瓦斯积聚、爆炸的危险。

如果在综采工作面安装瓦斯传感器进行瓦斯浓度的自动监测，在瓦斯浓度超标时，自动切断工作电源，同时发出报警信号，就可以防止事故的发生。

学习活动 1　明确工作任务

【学习目标】

（1）熟悉 KGJl5 型智能遥控甲烷传感器的结构、特点。

（2）能正确使用、维护 KGJl5 型智能遥控甲烷传感器，实现瓦斯电闭锁保护。

【建议课时】

4 课时。

一、工作任务

瓦斯电闭锁装置一般由甲烷传感器和向工作面供电的开关两大部分组成。以 QBZ-12 (2×80)型矿用隔爆风电闭锁真空电磁启动器（其接线方式和工作原理如图 4-21 和图 4-22 所示）与 KGJ15 型甲烷传感器的配合使用为例，瓦斯报警信号线接在 WD、9 两个接线柱上，当瓦斯浓度在正常范围内时，KGJ15 甲烷传感器反馈信号的常开触点 WD、9 是闭合的；当瓦斯浓度超限时，KGJ15 甲烷传感器的常开触点 WD、9 断开，使 K2 断电，KM2 断电释放，停止向工作面馈电，实现了瓦斯电闭锁的功能。QBZ-120（2×80）型矿用隔爆风电闭锁真空电磁启动器前面已经介绍过，本任务只介绍甲烷传感器的结构、特点及使用。

二、相关理论知识

（一）KGJ15 型智能遥控甲烷传感器的外形结构与技术特征

KGJ15 型智能遥控甲烷传感器的外形结构示意图如图 4-23 所示。KGJ15 型智能遥控甲烷传感器用于检测煤矿井下空气中的甲烷含量，具有显示、报警、断电等多项功能，所有功能均可以通过遥控器来实现，精度高、稳定可靠、使用方便，并能与 KJ70、KJ95、KJ66、KJ22、KJ90、KJ92 等煤矿监测监控系统配套使用。

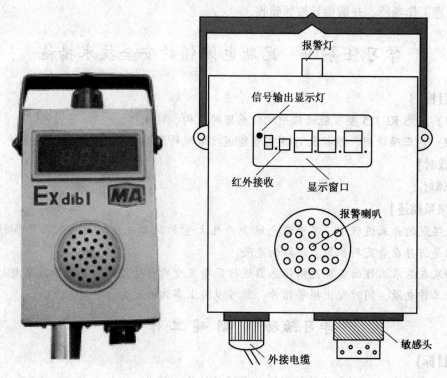

图 4-23 KGJ15 型智能遥控甲烷传感器的外形结构示意图

1. 型号含义（图 4-24）

规格号×中，1 表示输出为频率信号 200~1000 Hz；2 表示输出为电流信号 1~5 mA；3 表示输出为频率信号 5~15 Hz；4 表示输出为电流信号 4~20 mA。

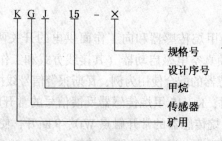

图 4-24 甲烷传感器的型号含义

2. 使用环境条件

（1）环境温度为 0~40 ℃；平均相对湿度不大于 95%。

（2）大气压力为 80~106 kPa。

（3）无显著振动和冲击的场合。

（4）煤矿井下有爆炸性混合物，但无破坏绝缘的腐蚀性气体的场合。

（二）KGJ15 型智能遥控甲烷传感器的主要特点

（1）零点稳定性高。

（2）全部功能均使用遥控器操作完成。

（3）具有密码保护，可以防止其他人员操作。

（4）高性能的黑白元件和智能性的补偿方法，可延长传感器的使用寿命。

（三）KGJ15 型智能遥控甲烷传感器的主要技术指标

1. 防爆形式

本质安全型，标志"ExibI"。

2. 测量范围

0~4% CH_4。

3. 测量误差

（1）0~4% CH_4，$\delta \leqslant 0.1\% CH_4$；

（2）1%~2% CH_4，$\delta \leqslant 0.2\% CH_4$；

（3）2%~4% CH_4，$\delta \leqslant 0.3\% CH_4$。

4. 响应时间

小于 30 s。

5. 遥控距离

不小于 6 m。

6. 报警点

在 0.5%~1.5% 范围内，可以任意设置（出厂设定为 1.0%）。

7. 断电点

在 0.5%~3.0% 范围内，可以任意设置（出厂设定为 1.5%）。

8. 输出信号

频率 200~1000 Hz，幅度 5 mA，电流 1~5 mA 或 4~20 mA。

9. 供电电压

传感器为 DC6~18 V；遥控器为 2 节普通 5 号电池。

学习活动2　工作前的准备

【学习目标】

（1）熟悉 KGJ15 型智能遥控甲烷传感器的结构、特点。

（2）能正确安装、使用 KGJ15 型智能遥控甲烷传感器。

一、工具、仪表

电工工具 1 套，验电笔、十字旋具、一字旋具各 1 个，万用表、兆欧表各 1 块。

二、设备

QBZ 启动器 1 台，KGJ15 型智能遥控甲烷传感器 1 套。

三、材料与资料

KGJl5 型智能遥控甲烷传感器产品说明书，劳保用品、工作服、绝缘手套、绝缘鞋。

学习活动 3　现　场　施　工

【学习目标】

能正确安装、使用 KGJ15 型智能遥控甲烷传感器。

【建议课时】

4 课时。

【任务实施】

一、KGJl5 型智能遥控甲烷传感器的安装及注意事项

（1）传感器安装在井下需要测量和监视瓦斯浓度的地方，如采掘工作面、回风巷、串巷通风等地点，并要求垂直悬挂在棚梁下 300 mm 处，其迎向分流和背向分流 0.5 m 内不得有阻挡物。

（2）传感器在下井使用之前，都需要在地面进行通电检查、调试和运行试验，一般通电工作 2~3 d 后工作情况正常，方可下井安装。

（3）仪器运送到使用地点后，应按照在地面上的连线方法把仪器安装好，并在检查所有接线无误后再送电运行，经过复查和调试仪器后即可投入使用。KGJ15 型智能遥控甲烷传感器的安装接线如图 4-25 所示。由"断电输出+"（绿色线）接线端子引出线接到 QBZ-120（2×80）型矿用隔爆风电闭锁真空电磁启动器的 WD 接线柱上即可。

（4）仪器悬挂处支护要良好，无滴水。要采取措施防止冒顶以及其他的机械损伤。安装在采掘工作面的甲烷传感器，在爆破时要移送到安全防护地点，爆破后立即移回到规定的地点。

二、KGJ15 型智能遥控甲烷传感器的使用与调整

调整的项目有零点调整、放大倍数调整、非线性补偿系数调整、报警点调整、断电点调整等。可以用遥控器对传感器进行调整，遥控器面板示意图如图 4-26 所示。将遥控器对准接收窗口，在有效的距离内进行调节。如果一直按着遥控器的按键，遥控器将连续发射，使用时要加以注意。

1. 密码测试

遥控器必须经过密码测试才能进行其他操作。首先按"设置"键，数码管显示"AAA"后用相应的键将数码管的显示值调整为密码值，再按"设置"键，如果密码正确，数码管将显示"PAS"，表示密码测试通过，然后就可以进行其他操作；如果密码不正确，数码管将显示"ERR"，表示密码测试没有通过，必须重新输入密码，通过测试才

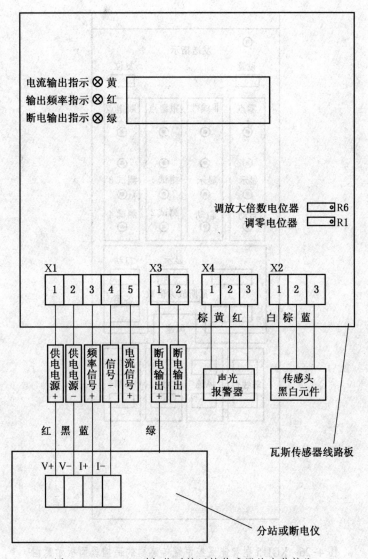

图 4-25　KGJ15 型智能遥控甲烷传感器的安装接线

能进行其他的调整操作。

注意：密码测试通过后，在进行其他的调整操作完毕以后，再按一次"复位"键，使输入密码失效，下次操作必须重新输入密码才能够进行操作。这样可以防止其他人员进行错误操作。

2. 密码设置

遥控器的出厂密码设置为"AAA"。如果忘记密码或者改变密码，则必须重新进行设置。首先打开盖板，将线路板的"S1"键按住，再按一次"S5"键复位，数码管显示"SPA"后，立即松开"S1"键，数码管将显示原来的密码；然后用遥控器相应的键将数码管的显示值调整为新的密码值后，再按"设置"键，数码管将闪烁显示刚才输入的密码，表示已经完成了新密码的设置。

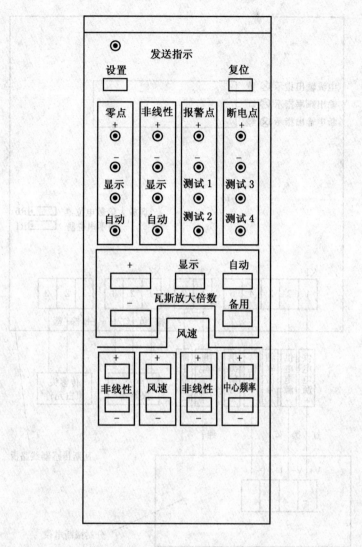

图 4-26 KGJ15 型智能遥控甲烷传感器的遥控器面板示意图

3. 零点调整及显示

按下遥控器的"零点按钮+/−"键，数码管显示的瓦斯浓度就会增大或者减小。当调整到所需的数值时，松开按钮，数码管显示调整后的零点值："LXX"，就表示零点调整完毕，1 s 后恢复正常的瓦斯浓度检测与显示。调零后数码管不能出现负号，在无法调零时应进行手动调零。

4. 放大倍数调整及显示

将传感器置于瓦斯浓度为 1% 左右的环境中，按下遥控器的"放大倍数调整+/−"键，数码管显示的瓦斯浓度就会增大或者减小。取值范围在 0.50~2.50 之间，调整完毕后，数码管闪烁显示放大倍数一次，1 s 后恢复正常的瓦斯浓度检测与显示。

5. 非线性补偿系数的调整及显示

一般在零点和放大倍数调整好以后进行非线性补偿系数的调整。非线性补偿系数的取值在 0.0~0.5 之间，传感器置于瓦斯浓度为 3% 左右的环境内，按下遥控器上的"非线性调整+/−"键，数码管的显示值将随之增加或减少；调整完毕后，数码管显示非线性补偿系数一次，1 s 后恢复正常的瓦斯浓度检测与显示。

6. 报警点的调整与显示

按下遥控器的"报警点调整+/−"键，数码管即显示原有的报警点"AX. X"，并在此基础上开始增加或者减少。当调整到所需数值时，松开按钮，数码管显示报警点，1 s 以后即恢复正常的瓦斯浓度检测与显示。

正常工作时，按下遥控器上"测试 1"键，数码管即显示报警点，1 s 以后即恢复正常的瓦斯浓度检测与显示。

7. 断电点的调整及显示

按下遥控器的"断电点调整+/−"键，数码管即显示原有的断电点"PX. X"，并在此基础上开始增加或者减少。当调整到所需数值时，松开按钮，数码管显示断电点，1 s 以后即恢复正常的瓦斯浓度检测与显示。

正常工作时，按下遥控器上"测试 3"键，数码管即显示断电点，1 s 以后即恢复正常的瓦斯浓度检测与显示。

8. 输出测试功能

按下遥控器上"测试 2"键，数码管显示瓦斯浓度为 2.50%，同时输出与之对应的频率信号、报警信号、断电信号。松开"测试键 2"，则恢复正常的瓦斯浓度检测与显示。

9. 电压显示功能

按下遥控器上"测试 4"键，数码管闪烁显示"UUU"电压值。该电压值是指第二级放大器的输出电压，主要在修理时使用该数据。

10. 遥控复位功能

按下遥控器右上方的"复位"键，计算机产生一次硬件复位，程序将从头开始执行。当遥控器遥复位功能不起作用时，可以采用先断电、再通电，实现复位。

三、KGJ15 型智能遥控甲烷传感器的维护及注意事项

（1）甲烷传感器安装的位置和数量要严格按照规定执行。

（2）甲烷传感器应该配有专人维护，其他人员严禁乱转动旋钮及其他部件。仪器在搬运、安装过程中应该避免剧烈冲击震动，以免损坏。

（3）严禁水淋，在清洗巷道时要注意保护。

（4）严禁随意坐靠、敲打传感器，严禁人为损坏。

（5）保持仪器清洁。

（6）仪器要定期进行调试，一般每 7 d 一次。如果没有超差，可以继续使用。

（7）黑白元件的使用寿命一般大于一年，如果在使用中发现灵敏度偏低或者反应迟钝时，应及时更换。

（8）传感器在发生故障时，应取回在井上检修；在无法修理好时，应通知厂家派人维修或者寄回厂家进行维修。

四、KGJ15 型智能遥控甲烷传感器的安装调试实训步骤

1. 训练准备

（1）分组准备：在实习指导教师的组织下，由实习学生参与，根据场地及工位情况将全体人员分成若干小组并指定小组负责人。

（2）场地、设备及材料准备：在实习指导教师的指导下，由实习学生参与进行实习场地的整理、实习设备的布置及材料的分发。

（3）仪器、仪表及电工工具准备：在实习指导教师的指导下，由实习学生参与进行实习用的仪器、仪表的布置或分配以及电工工具的分发。

2. 检查

在实习指导教师的指导下，由实习学生检查 KGJ15 型智能遥控甲烷传感器的完好性，看是否能正常使用。

3. 调整

在实习指导教师的指导下，按照 KGJ15 型智能遥控甲烷传感器的调整要求，由实习学生参与进行 KGJ15 型智能遥控甲烷传感器的调整，调整项目如下：①密码测试；②密码设置；③零点调整及显示；④放大倍数调整及显示；⑤非线性补偿系数的调整及显示；⑥报警点的调整与显示；⑦断电点的调整及显示；⑧输出测试功能；⑨电压显示功能；⑩遥控复位功能。

4. 安装接线

在实习指导教师的指导下，由实习学生参与 KGJ15 型智能遥控甲烷传感器的安装及与QBZ-12（2×80）型矿用隔爆型风电闭锁组合开关的连接。

5. 送电运行

KGJ15 型智能遥控甲烷传感器与 QBZ-12（2×80）型矿用隔爆型风电闭锁组合开关连接完毕，检查无误后，在实习指导教师的指导下送电检查、调试和运行，并将结果进行记录。

6. 清理现场

操作完毕，学生在指导教师的监护下，关闭电源、拆线；收拾工具器材、仪表及设备，整理工作场所，并请指导教师验收。

参 考 文 献

[1] 赵东林．综采电气设备 [M]．北京：中国劳动社会保障出版社，2006.

[2] 尚文忠．煤矿供电 [M]．北京：中国劳动社会保障出版社，2008.

[3] 胡宗福．煤矿电气设备维修技能训练 [M]．北京：中国劳动社会保障出版社，2009.

参考文献

[1] ……

[2] ……

[3] ……

综采电气设备工作页

目　　录

模块一　矿井供电系统

学习任务一　煤矿供电系统

【学习目标】

(1) 掌握煤矿供电系统对井下供电的要求及对电力负荷的分级。

(2) 掌握煤矿供电系统组成。

(3) 了解煤矿供电系统如何将电能输送至井下用电负荷。

(4) 掌握煤矿供电系统中各环节的作用和接线方式。

(5) 了解煤矿井下变电所设备选型与布置情况。

【建议课时】

8 课时。

学习活动 1　明确工作任务

【学习目标】

在学习了煤矿供电系统基本理论的基础上，掌握井下供电的要求和电力负荷的分级；了解煤矿供电系统的组成及各变电所的任务、位置布置、设备选型和接线特点。

【建议课时】

4 课时。

【学习过程】

在进行操作前，学生要对煤矿井下供电要求、电力负荷分级、矿井供电系统的组成及各变电所的任务、位置布置、设备选型和接线特点等内容进行学习，然后请回答以下问题。

1. 什么是矿山电力？其主要作用是什么？

2. 什么是双回路供电系统？

3. 由于煤矿井下生产条件的特殊性，煤矿企业对供电有哪些要求？

175

4. 矿井电力负荷是如何分级的？各级负荷的主要设备有哪些？对于供电方式应采用什么措施？

5. 煤矿供电系统主要由什么组成？

6. 矿井地面变电所的任务是什么？

7. 井下主变电所的主要任务是什么？设备选型有哪些？位置如何选择？接线系统特点是什么？

8. 采区变电所的接线方式有哪些？有何特点？

学习活动2 工作前的准备

【学习目标】

（1）掌握煤矿供电系统对井下供电的要求及对电力负荷的分级。

（2）掌握煤矿供电系统组成。

（3）了解煤矿供电系统如何将电能输送至井下用电负荷。

(4) 掌握煤矿供电系统中各环节的作用和接线方式。

一、工具

绘图用的尺子。

二、设备

本活动不需要。

三、材料与资料

某煤矿供电系统图（或模拟图板）范例图1份，绘图用的纸、铅笔、橡皮等。

学习活动3 现 场 施 工

【学习目标】

识读煤矿供电系统图并绘制。

【建议课时】

4课时。

【任务实施】

实训 煤矿供电系统图的识读和绘制

1. 识读某煤矿供电系统图（或模拟图板）范例图。

2. 绘制某煤矿供电系统图（或模拟图板）范例图。

3. 自我评价。

学习活动4 总结与评价

一、评分标准

实训 煤矿供电系统图的识读和绘制评分标准

序号	项目内容	评分标准	配分	扣分	得分
1	识读煤矿供电系统图	1. 图名、图形符号含义的识读，每出现一处错误扣2分。 2. 电源进线、主变压器、变电所接线方式等识读，每出现一处错误扣3~5分	50		
2	绘制煤矿供电系统图	1. 供电系统图绘制不规范的，每处扣5分。 2. 不能完成供电系统图绘制的，酌情扣10~30分	50		
3	安全文明生产	每违规一次扣2分			
备注		合计	100		
		教师签名			

二、教师评价

学习任务二 井下电气防爆

【学习目标】

(1) 了解防爆原理。

(2) 熟悉防爆型电气设备的类型和标志。

(3) 掌握电气设备的防爆措施和防爆电气设备的基本要求。

(4) 了解防爆电气设备完好标准。

(5) 熟悉失爆的检查方法。

【建议课时】

6课时。

学习活动1 明确工作任务

【学习目标】

(1) 了解防爆原理。

(2) 熟悉防爆型电气设备的类型和标志。

(3) 掌握电气设备的防爆措施和防爆电气设备的基本要求。

【建议课时】

2 课时。

【学习过程】

学习井下经常发生爆炸事故的原因，防止爆炸事故发生采取的一些措施，电气设备在井下爆炸事故中充当的角色及电气设备的防爆。大家学习后，请回答以下问题。

1. 煤矿井下发生爆炸事故的原因是什么？防止爆炸从哪两方面着手？

2. 防爆型电气设备的标志为_____，隔爆型电气设备的标志是_____，增安型电气设备的标志是_____，本质安全型电气设备的标志是_____。

3. 防爆型电气设备的防爆安全技术有哪几种？

4. 隔爆外壳的两个作用是什么？

5. 如何保证外壳的耐爆性和隔爆性？

6. 对隔爆外壳接合面的宽度、间隙和表面粗糙度有哪些要求？

7. 实现增安措施的方法有哪些？

8. 什么是本质安全电路？这种电路采用的基本技术措施有哪些？

9. 什么是超前切断电源？

10. 防爆电气设备的基本要求是什么？

学习活动 2　工作前的准备

【学习目标】

（1）能通过阅读相关资料，掌握防爆电气设备的基础知识及相关标准。

（2）能掌握电气设备的失爆现象。

（3）能正确认识失爆的危害。

（4）了解失爆产生原因及防治措施。

（5）熟悉失爆的检查方法。

一、工具

尺子、塞尺、专用电工工具箱。

二、设备

防爆电气设备。

三、材料与资料

煤矿电气设备的失爆及检查方法资料，记录用的纸和笔。

学习活动 3　现 场 施 工

【学习目标】

（1）了解防爆电气设备的基本要求。

（2）了解防爆电气设备失爆现象。

（3）掌握防爆电气设备的失爆检查方法。

【建议课时】

4 课时。

【任务实施】

实训　防爆电气设备的失爆检查

1. 外观检查。

2. 隔爆结合面的检查。

3. 密封圈检查。

4. 接线。

5. 自我评价。

学习活动4　总　结　与　评　价

一、评分标准

实训　防爆电气设备的失爆检查评分标准

序号	项目内容	评　分　标　准	配分	扣分	得分
1	外观检查	每漏一处扣2~5分，每判断错误一次扣3分	25		
2	隔爆结合面的检查	每漏一处扣2~5分，每判断错误一次扣3分	25		
3	密封圈检查	每漏一处扣2~5分，每判断错误一次扣3分	20		
4	接线	每漏一处扣2~5分，每判断错误一次扣3分	30		
5	安全文明生产	每违规一次扣2分			
备注			合计	100	
			教师签名		

二、教师评价

模块二　继电保护装置的整定与维护

学习任务一　井下保护接地装置的整定与维护

【学习目标】

(1) 掌握保护接地及其基本原理。

(2) 了解井下保护接地系统的组成及要求。

(3) 会检查保护接地系统。

(4) 能正确测定接地电阻。

【建议课时】

4 课时。

学习活动 1　明确工作任务

【学习目标】

在学习了保护接地及其基本原理，了解井下保护接地系统的组成及要求的基础上，会检查保护接地系统，能正确测定接地电阻。

【建议课时】

2 课时。

【学习过程】

在进行接地电阻测量之前，对保护接地的相关内容进行了解，保护接地是井下供电保护之一，它可降低人体触电的危害。加强对保护接地系统的检查和维护是井下接地系统正常工作的重要保证，测定保护接地装置的接地电阻是其中一项重要内容。要检查和维护保护接地装置，就要学习保护接地、保护接地系统、保护接地系统的组成及对各组成部分的要求等知识。下面对所学知识进行回答。

1. 什么是保护接地？保护接地的作用是什么？

2. 保护接地由哪几部分组成？

3. 井下保护接地网由哪几部分组成?

4. 对井下保护接地网有哪些要求?

学习活动 2 工作前的准备

【学习目标】

掌握正确选用接地电阻测试仪测量保护接地装置的接地电阻值的方法，具有检查与维护井下保护接地装置的技能。

一、工具、仪表

榔头 1 把，平口钳或平锉 1 把（00 号砂纸），活动扳手 2 把，工具包 1 个，ZC-18 接地电阻测量仪一套（测量线 3 根，接地棒 2 根），合格绝缘手套 1 副。

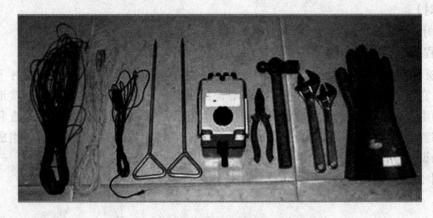

图 2-1 ZC-18 接地电阻测量仪及其他工具

二、设备

某矿井下接地网（或局部接地极）。

三、材料与资料

ZC-18 接地电阻测量仪产品说明书，记录用的纸和笔。

四、测量前的准备工作

1. 检查接地电阻测量仪

（1）看表面是否有年度检验合格证，有效期是否过期。

（2）仪表表面是否脏污，受潮。

（3）轻轻摇动摇表，指针是否左右正确摇摆。

（4）轻轻转动地轴表，读数盘是否有阻碍。

（5）将地轴表水平放置，摇表指针应与刻度盘的刻线重合，如果没有重合，调微调旋钮，轻轻摇动手柄，没有阻碍现象。

2. 检查测试线、接地棒

是否符合规格要求，检查线有无破损，接头、接地棒截面不得小于 190 mm²，长度不得小于 0.8 m（打入绝缘深度不得小于 0.6 m）。

3. 检查绝缘手套

有没有变色，是否在有效期内；充气压力阀，没有漏气是好的；提起充气，卷起看手套手指是否张开。

4. 检查接地引下线

如果有断线、断股、锈蚀，要用沥青做防锈处理；连接点有无锈蚀，有进行打磨。

学习活动 3　现　场　施　工

【学习目标】

（1）了解保护接地装置的检查、测定方法。

（2）正确使用 ZC-18 接地电阻测量仪，学会正确测量接地电阻的方法。

【建议课时】

2 课时。

【任务实施】

实训　井下接地网接地电阻的测量

一、教师布置实训任务

井下接地网接地电阻的测量。

二、操作步骤

（1）工具器材准备。

（2）接地电阻测量仪的接线。

（3）接地电阻的测量。

（4）接地电阻的读数。

（5）清理现场。

三、按要求完成下表

接地电阻检测记录

日期			时间		检测人	
序号	接地地点			接地编号	电阻值/Ω	备注
1						
2						
3						
4						
5						

自我评价：

学习活动4 总结与评价

一、评分标准

实训 井下接地网接地电阻的测量评分标准

序号	项目内容	评分标准	配分	扣分	得分
1	准备器材仪表	1. 未检查接地网（或局部接地极）完好性的，扣2分。 2. 未检查接地电阻测量仪性能的，扣5分。 3. 对作业地点的瓦斯含量未检查或监视的，扣10分	15		
2	接地电阻测量仪的接线	1. 接线前，未断开接地极与被保护设备间连接线的，扣5分。 2. 电位探测针和电流探测针布置不符合要求的，每出现一处扣5分。 3. 接线错误或接线不规范的，每处扣10分	25		
3	接地电阻的测量	1. 测量前，对接地电阻测量仪未进行零位调整的，扣5分。 2. 接地电阻测量仪使用方法不当或出现错误的，每出现一处扣10分。 3. 接地电阻测量操作不规范的，每次扣10分	30		

（续）

序号	项目内容	评 分 标 准		配分	扣分	得分
4	接地电阻值	1. 测量后，读数错误或读值不准的，每次扣5分。 2. 刻度盘上指示数字读出有误的，每处扣10分。 3. 不能够准确计算出所测接地电阻值的，每次扣10分		30		
5	安全文明生产	每违规一次扣2分				
备注			合计	100		
			教师签名			

二、教师评价

学习任务二 井下漏电保护装置的整定与维护

【学习目标】

（1）了解煤矿采区常用漏电保护装置的结构、工作原理。

（2）能正确使用、维护漏电保护装置，掌握漏电故障的排除方法。

【建议课时】

4课时。

学习活动1 明确工作任务

【学习目标】

（1）了解煤矿采区常用漏电保护装置的结构、工作原理。

（2）能正确使用、维护漏电保护装置，掌握漏电故障的排除方法。

【建议课时】

2课时。

【学习过程】

在进行操作前，学生要对漏电的原因、漏电的危害、漏电的预防、漏电的保护方式等内容进行学习，然后请回答以下问题。

1. 试分析漏电产生的原因有哪些？

2. 漏电有哪些危害？

3. 如何预防漏电？

4. 漏电的保护方式有哪几种？并进行分析。

学习活动2 工作前的准备

【学习目标】

(1) 了解煤矿采区常用漏电保护装置的结构、工作原理。

(2) 能正确使用、维护漏电保护装置，掌握漏电故障的排除方法

一、仪表

万用表、摇表。

二、设备

漏电保护装置、低压馈电开关、防爆按钮。

三、材料与资料

漏电保护装置及低压馈电开关的产品说明书，10 W 试验电阻若干，记录用的纸、笔等。

学习活动3 现 场 施 工

【学习目标】

(1) 了解煤矿采区常用漏电保护装置的结构、工作原理。

(2) 能正确使用、维护漏电保护装置，掌握漏电故障的排除方法。

【建议课时】

　　2 课时。

【任务实施】

实训　漏电保护装置的运行、维护与检修

1. 工具器材准备。

2. 漏电保护装置的认识。

3. 漏电保护装置的维护与检修。

4. 漏电保护装置的跳闸试验。

5. 远方人工漏电跳闸试验。

6. 检查器材仪器，整理工作场所，并请指导教师验收。

7. 自我评价。

学习活动4 总 结 与 评 价

一、评分标准

实训·漏电保护装置的运行、维护与检修评分标准

序号	项目内容	评 分 标 准	配分	扣分	得分
1	准备器材仪表	1. 未检查低压馈电开关和保护接地装置完好性，扣2分。 2. 未检查作业环境安全状况，扣5分。 3. 对作业地点的瓦斯含量未检查或监视，扣10分	10		
2	漏电保护装置认识	1. 检测回路及检测元件识别错误，每处扣2分。 2. 漏电保护方式判断错误，每次扣5分。 3. 漏电保护装置类别判断错误，每次扣10分	20		
3	漏电保护装置维护与检修	1. 维护与检修内容不全、有误或未做记录，每次扣5分。 2. 维护检修操作方法不正确或不规范，每次扣5分。 3. 不能完成漏电保护装置维护与检修工作，扣10分	20		
4	漏电保护装置跳闸试验	1. 试验按钮操作有误或不会操作，每次扣5分。 2. 跳闸试验操作不规范或完不成操作，每次扣5分。 3. 跳闸试验操作步骤不明确或操作有误，每次扣10分	20		
5	远方人工漏电跳闸试验	1. 试验电阻接入错误或不合适，每处扣5分。 2. 操作不规范或完不成操作，每次扣10分。 3. 不能清楚得出远方人工漏电跳闸试验的试验结果，扣20分	30		
6	安全文明生产	每违规一次扣2分			
备注			合计	100	
			教师签名		

二、教师评价

学习任务三　井下过流保护装置的整定与维护

【学习目标】

（1）了解煤矿采区常用过流保护装置的结构、工作原理。

（2）能正确使用、维护过流保护装置，掌握对电气开关过流整定的方法。

【建议课时】

8 课时。

学习活动 1　明确工作任务

【学习目标】

（1）了解煤矿采区常用过流保护装置的结构、工作原理。

（2）能正确使用、维护过流保护装置。

（3）能正确对采区供电系统的供电设备进行整定。

【建议课时】

4 课时。

【学习过程】

在进行操作前，学生要对过电流保护装置的结构、工作原理、维护使用及整定等内容进行学习，然后请回答以下问题。

1. 在保护过程中，过流保护装置应满足哪些基本要求？

2. 试说明熔断器的过流保护原理？

3. 熔断器的主要类型有哪些，用于煤矿井下的什么场所？

4. 熔断器的选用应满足什么条件?

5. 保护电缆支线时,对单台或几台同时启动的鼠笼型电动机,熔体的额定电流如何计算?

6. 保护电缆干线时,熔体额定电流如何计算?

7. 保护照明变压器和电钻变压器时,照明变压器一次侧保护,熔体额定电流如何计算?

8. 按最小两相短路电流进行校验,所选熔体如何进行校验?

9. 熔断器的分断能力如何进行校验?

10. 试说明电磁式过电流继电器的保护原理？

11. 试说明热继电器的保护原理？

12. 试说明热继电器的整定计算？

学习活动 2　工作前的准备

【学习目标】

(1) 了解煤矿采区常用过流保护装置的结构、工作原理。

(2) 能正确使用、维护过流保护装置。

(3) 能正确对采区供电系统的供电设备进行整定。

一、工具

专用电工工具。

二、设备

采区供电系统的供电设备。

三、材料与资料

过流保护装置说明书，绝缘靴、绝缘手套、纸和笔等。

学习活动 3　现　场　施　工

【学习目标】

(1) 了解煤矿采区常用过流保护装置的安装注意事项及常见故障处理。

(2) 能正确使用、维护过流保护装置。

（3）能正确对采区供电系统的供电设备进行整定。

【建议课时】

2 课时。

【任务实施】

实训　过流保护装置的整定

某采区供电系统图如图 2-2 所示，已知 d 处的短路电流为 780 A，各电动机数据为 M1（M2 与 M1 同）：$P_{N1} = 17$ kW，$I_{N1} = 19$ A，$I_{st1} = 133$ A；M3：$P_{N3} = 40$ kW，$I_{N3} = 45$ A，$I_{st3} = 293$ A；M4：$P_{N4} = 44$ kW，$I_{N4} = 52$ A，$I_{st4} = 312$ A。

应如何整定 1 号及 5 号开关的过电流继电器的动作电流值？

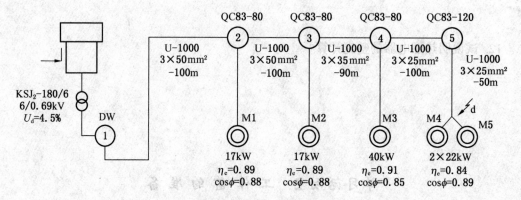

图 2-2　某采区供电系统图

1. 过电流继电器的动作电流整定。

（1）5 号开关：

（2）1 号开关：

2. 灵敏度校验。

（1）5 号开关的校验：

（2）1 号开关的校验：

3. 过流保护装置的安装与故障排除。

4. 自我评价。

学习活动 4　总 结 与 评 价

一、评分标准

实训　过流保护装置整定的评分标准

序号	项目内容	评 分 标 准	配分	扣分	得分
1	过电流继电器的动作电流的整定	过电流继电器的动作电流的整定计算，每错一处扣 5~10 分	30		
2	过电流继电器的校验灵敏度	过电流继电器的校验灵敏度计算，每错一处扣 2~5 分	20		
3	过电流继电器的安装	过电流继电器的安装方法，每错一处扣 5~15 分	20		
4	过电流继电器的故障排除	过电流继电器的故障判断错误，每错一处扣 5~10 分	30		
5	安全文明生产	每违规一次扣 2 分			
备注		合计	100		
		教师签名			

二、教师评价

模块三 井下供电设备

学习任务一 BGP$_{9L}$-6G 矿用隔爆型 高压真空配电装置

【学习目标】

(1) 了解高压真空配电装置的型号含义及用途。

(2) 熟悉高压真空配电装置的结构及联锁装置。

(3) 了解高压真空配电装置的电气原理。

(4) 熟练掌握主回路接线方案。

(5) 掌握高压真空配电装置的调试、安装、操作及使用注意事项。

(6) 能分析简单的故障现象。

【建议课时】

8 课时。

学习活动1 明确工作任务

【学习目标】

(1) 了解高压真空配电装置的型号含义及用途。

(2) 熟悉高压真空配电装置的结构及联锁装置。

(3) 了解高压真空配电装置的电气原理。

【建议课时】

4 课时。

【学习过程】

在进行操作前,学生要对 BGP$_{9L}$-6G 矿用隔爆型高压真空配电装置的型号含义、用途、结构、联锁装置、电气原理等内容进行学习,然后请回答以下问题。

1. 说明 BGP$_{9L}$-6G 矿用隔爆型高压真空配电装置的型号含义及用途。

2. 试分析 BGP$_{9L}$-6G 矿用隔爆型高压真空配电装置的外部及内部结构。

3. BGP$_{9L}$-6G 矿用隔爆型高压真空配电装置是如何进行接线的？

4. 试分析 BGP$_{9L}$-6G 矿用隔爆型高压真空配电装置的电气原理。

5. BGP$_{9L}$-6G 矿用隔爆型高压真空配电装置如何进行调试、安装？

学习活动2 工作前的准备

【学习目标】

(1) 参照 BGP$_{9L}$-6G 矿用隔爆型高压真空配电装置产品说明书，了解其电气原理。

(2) 会分析本配电装置的主回路接线方案。

(3) 掌握本配电装置的调试、安装、操作注意事项。

一、工具、仪表

2500 V 兆欧表 1 块，万用表 1 块，套筒扳手 1 套，电工工具 1 套，30 mm 活络扳手 1 个，20 mm 十字旋具 1 个，小旋具（一字、十字各 1 套），斜嘴钳 1 个，本设备专用工具、高压真空断路器专用工具 1 套，1 kV·A 三相调压器 1 台。

二、设备

BGP$_{9L}$-6G 矿用隔爆型高压真空配电装置。

三、材料与资料

绝缘胶布 2 盘，电缆（高压橡套屏蔽）50 m，胶质线 1 盘，1.5 V 小灯泡 3 个，劳保用品、工作服、绝缘鞋若干，BGP$_{9L}$-6G 矿用隔爆型高压真空配电装置产品说明书。

学习活动3 现场施工

【学习目标】

(1) 熟练掌握主回路接线方案。

(2) 掌握高压真空配电装置的调试、安装、操作及使用注意事项。

(3) 能分析简单的故障现象。

【建议课时】

4 课时。

【任务实施】

实训一　BGP₉ₗ-6G 矿用隔爆型高压真空配电装置的安装接线与调试

1. 实训准备。

2. 开关门操作。

3. 抽出机芯。

4. 实验与整定。

5. 高压真空断路器的调整。

6. 完成接线。

7. 高压送电操作。

8. 高压停电操作。

9. 清理现场。

实训二　BGP₉ₗ-6G 矿用隔爆型高压真空配电装置的维修

1. 实训准备。

2. 开关门操作。

3. 故障信息收集。

4. 故障分析。

5. 确定故障点，排除故障。

6. 排除故障后通电试运行。

7. 清理现场。

8. 自我评价。

学习活动4 总结与评价

一、评分标准

实训一 高压真空配电装置安装接线与调试的评分标准

序号	项目内容	评 分 标 准	配分	扣分	得分
1	实训准备	1. 工具、仪表及材料准备缺少一项，扣2分。 2. 工具、仪表及材料准备错误，每项扣3分	5		
2	设备器材检查	1. 设备、器材未检查，每项扣5分。 2. 未检测设备绝缘情况或检测错误，每项扣5分	10		
3	拆装与调整	1. 不能正确进行拆装，每错一处扣3分。 2. 不能正确进行断路器开距调整，每错一处扣3分。 3. 不能正确进行断路器三相同期实验，每错一处扣3分	30		

（续）

序号	项目内容	评 分 标 准	配分	扣分	得分
4	安装接线	1. 安装接线错误，每处扣 5 分。 2. 接线粗糙，每处扣 2 分	20		
5	通电试验	1. 停送电错误，每次扣 5 分。 2. 送电不成功，每次扣 5 分	10		
6	调试整定	1. 设定错误，每处扣 5 分。 2. 调试错误，每处扣 5 分	25		
7	安全文明生产	每违规一次扣 2 分			
备注			合计 100		
			教师签名		

实训二　高压真空配电装置维修的评分标准

序号	项目内容	评 分 标 准	配分	扣分	得分
1	实训准备	1. 工具、仪表及材料准备缺少一项，扣 2 分。 2. 工具、仪表及材料准备错误，每项扣 3 分。 3. 不参与实训准备，扣 2 分	5		
2	开关门操作	1. 不能正确打开高压真空配电装置门盖，扣 2 分。 2. 不能正确合上高压真空配电装置门盖，扣 3 分	5		
3	收集故障信息	1. 未进行设备的内外检查，每项扣 2 分。 2. 不询问故障现象，每次扣 2 分。 3. 未进行绝缘检测，每项扣 3 分	5		
4	故障分析	要求：在高压真空配电装置上分析故障可能的原因，思路正确。 1. 错标或标不出故障范围，每个故障点扣 3 分。 2. 不能标出最小的故障范围，每个故障点扣 2 分	20		
5	故障排除	要求：正确使用工具和仪表，找出故障点并排除故障。 1. 实际排除故障中思路不清楚，每个故障点扣 3 分。 2. 每少查出一个故障点，扣 3 分。 3. 每少排除一个故障点，扣 4 分。 4. 排除故障方法不正确，每处扣 4 分	45		
6	通电试运行	1. 送电、停电方向不对，每次扣 3 分。 2. 送电、停电动作不到位，每处扣 1 分。 3. 通电试运行不成功，每次扣 5 分	10		
7	其他	排除故障时产生新的故障后不能自行修复，每项扣 5 分；已经修复，每项扣 2 分	10		

（续）

序号	项目内容	评 分 标 准		配分	扣分	得分
8	安全文明生产	每违规一次扣 2 分				
备注			合计	100		
			教师签名			

二、教师评价

学习任务二   KBZ-630/1140 矿用隔爆
真空智能型馈电开关

【学习目标】

（1）了解 KBZ-400/1140 矿用隔爆真空智能型馈电开关的用途、结构及型号含义。

（2）了解 KBZ-400/1140 矿用隔爆真空智能型馈电开关的电气工作原理。

（3）了解 KBZ-400/1140 矿用隔爆真空智能型馈电开关主要电气元件的位置及作用。

（4）掌握 KBZ-400/1140 矿用隔爆真空智能型馈电开关的工作过程。

（5）会对 KBZ-400/1140 矿用隔爆真空智能型馈电开关进行常见的故障排除。

【建议课时】

8 课时。

学习活动 1 明确工作任务

【学习目标】

（1）了解 KBZ-400/1140 矿用隔爆真空智能型馈电开关的用途、结构及型号含义。

（2）了解 KBZ-400/1140 矿用隔爆真空智能型馈电开关的电气工作原理。

（3）了解 KBZ-400/1140 矿用隔爆真空智能型馈电开关主要电气元件的位置及作用。

【建议课时】

4 课时。

【学习过程】

在进行操作前，学生要对 KBZ-400/1140 矿用隔爆真空智能型馈电开关的型号含义、用途、结构、联锁装置、电气原理等内容进行学习，然后请回答以下问题。

1. 说明 KBZ-400/1140 矿用隔爆真空智能型馈电开关的型号含义及用途。

2. 试分析 KBZ-400/1140 矿用隔爆真空智能型馈电开关的结构特点。

3. KBZ-400/1140 矿用隔爆真空智能型馈电开关的前门按钮有哪些？

4. 试分析 KBZ-400/1140 矿用隔爆真空智能型馈电开关的电气原理。

5. KBZ-400/1140 矿用隔爆真空智能型馈电开关的复位、确认、上选及下选这 4 个按键有何功能？

6. KBZ-400/1140 矿用隔爆真空智能型馈电开关如何进行调试、安装？

7. KBZ-400/1140 矿用隔爆真空智能型馈电开关可以实现哪些保护？

8. KBZ-400/1140 矿用隔爆真空智能型馈电开关有哪些常见故障？试分析其原因并排除？

学习活动2　工作前的准备

【学习目标】

(1) 掌握 KBZ-400/1140 矿用隔爆真空智能型馈电开关的停、送电操作程序。

(2) 会对 KBZ-400/1140 矿用隔爆真空智能型馈电开关进行维护及安装。

一、工具、仪表

常用电工工具 1 套，验电笔、十字旋具、一字旋具、剥线钳、扁嘴钳各 1 把，瓦检仪，停电闭锁牌，00 型万用表、1000 V 兆欧表、钳形电流表各 1 块。

二、设备

KBZ-400 矿用隔爆真空智能型馈电开关 1 台。

三、材料与资料

绝缘胶布及胶质线、2.5 mm² 控制电缆、直径 32 mm 橡套电缆若干，保用品、工作服、绝缘手套、绝缘鞋，停电闭锁牌，KBZ-400/1140 矿用隔爆真空智能型馈电开关产品说明书一份。

学习活动3　现场施工

【学习目标】

(1) 熟悉 KBZ-400/1140 矿用隔爆真空智能型馈电开关的结构与工作过程。

(2) 掌握 KBZ-400/1140 矿用隔爆真空智能型馈电开关的操作与整定方法。

(3) 掌握 KBZ-400/1140 矿用隔爆真空智能型馈电开关的常见故障排除方法。

【建议课时】

4 课时。

【任务实施】

实训一　KBZ-400 矿用隔爆真空智能型馈电开关安装调试

1. 实训准备。

2. 开关门操作。

3. 抽出机芯。

4. 实验与整定。

5. 完成接线。

6. 调试后通电试运行。

7. 清理现场。

8. 自我评价。

实训二　KBZ-400 矿用隔爆真空智能型馈电开关的故障排除

1. 实训准备。

2. 开关门操作。

3. 故障信息收集。

4. 故障分析。

5. 确定故障点，排除故障。

6. 排除故障后通电试运行。

7. 清理现场。

8. 自我评价。

学习活动 4　总　结　与　评　价

一、评分标准

实训一　KBZ-400/1140 矿用隔爆真空智能型馈电开关安装及调试的评分标准

序号	主要内容	评 分 标 准	配分	扣分	得分
1	实训准备	1. 工具、仪表及材料准备少一项，扣 2 分。 2. 工具、仪表及材料准备错误，每项扣 3 分	5		
2	设备器材检查	1. 为检查设备、器材，每项扣 5 分。 2. 为监测设备绝缘情况或监测错误，每项扣 5 分	10		
3	拆装与调整	1. 不能正确进行拆装，每错一处扣 3 分。 2. 不能正确进行断路器开距调整，每错一处扣 3 分。 3. 不能正确进行断路器三相同期试验，每错一处扣 3 分	30		
4	安装接线	安装接线错，每处扣 5 分	10		
5	保护装置设定	根据供电要求设定	10		
6	通电试验	1. 停送电错误，每次扣 5 分。 2. 送电不成功，每次扣 5 分	10		
7	调试整定	1. 设定错误，每次扣 5 分。 2. 调试错误，每次扣 5 分	25		
8	安全文明生产	每违规一次扣 5 分			
9	备注		合计	100	
			教师签名		

实训二　KBZ-400 矿用隔爆真空智能型馈电开关故障排除的评分标准

序号	主要内容	评 分 标 准	配分	扣分	得分
1	实训准备	1. 工具、仪表及材料准备少一项，扣 2 分。 2. 工具、仪表及材料准备错误，每项扣 3 分。 3. 不参与实训准备，扣 2 分	5		

（续）

序号	主要内容	评分标准	配分	扣分	得分
2	开关门操作	1. 不能正确打开启动器门盖，扣2分。 2. 不能正确合上启动器门盖，扣3分	5		
3	收集故障信息	1. 进行设备的内外检查，每项扣2分。 2. 不询问故障现象，每次扣2分	5		
4	故障分析	要求：在电气控制线路上分析故障可能的原因，思路正确。 1. 错标或标不出故障范围，每个故障点扣3分。 2. 不能标出最小的故障范围，每个故障点扣2分	20		
5	故障排除	要求：正确使用工具和仪表，找出故障点并排除故障。 1. 实际排除故障中思路不清楚，每个故障点扣3分。 2. 每少查出一个故障点，扣3分。 3. 每少排除一个故障点，扣4分 4. 排除故障方法不正确，每处扣4分	45		
6	通电试运行	1. 送电、停电方向不对，每次扣3分。 2. 送电、停电动作不到位，每次扣1分。 3. 通电试运行不成功，每次扣5分	10		
7	其他	排除故障时产生新的故障不能自行修复，每项扣5分；已经修复，每项扣2分	10		
8	安全文明生产	每违规一次扣5分			
9	备注		合计	100	
			教师签名		

二、教师评价

学习任务三 KBSG 型干式变压器

【学习目标】

（1）熟悉变压器的作用及工作原理。

（2）熟悉干式变压器的结构及电气性能。

（3）能正确使用和维护干式变压器。

（4）能检查、分析并排除干式变压器的常见故障。

【建议课时】

4 课时。

学习活动 1 明 确 工 作 任 务

【学习目标】

（1）熟悉变压器的作用及工作原理。

（2）熟悉干式变压器的结构及电气性能。

【建议课时】

2 课时。

【学习过程】

在进行操作前，学生要对 KBSG-500/6 矿用隔爆型干式变压器的型号含义、用途、结构、如何使用、维护、故障处理等内容进行学习，然后请回答以下问题。

1. 说明 KBSG-500/6 矿用隔爆型干式变压器的型号含义及用途。

2. KBSG-500/6 矿用隔爆型干式变压器的结构有哪几部分组成？各有何特点？

3. 试说明 KBSG-500/6 矿用隔爆型干式变压器的工作原理。

4. KBSG-500/6 矿用隔爆型干式变压器铁芯采用 0.35 mm 厚的硅钢片材料的目的是什么？

5. KBSG-500/6 矿用隔爆型干式变压器在使用前应做哪些检查？

6. KBSG-500/6 矿用隔爆型干式变压器如何进行维护？

7. 试分析变压器外壳过热或发热不均匀的故障原因？如何处理？

8. 试分析变压器线圈绝缘破坏的故障原因？如何处理？

9. 试分析变压器本身产生不正常的声音的故障原因？如何处理？

10. 试分析变压器经过短时运行后，温升超限的故障原因？如何处理？

11. 试分析变压器外壳带电的故障原因？如何处理？

12. 试分析变压器保护装置动作的故障原因？如何处理？

13. 试分析变压器线圈发生机械破损的故障原因？如何处理？

学习活动2 工作前的准备

【学习目标】

　　(1) 阅读 KBSG 型干式变压器说明书，掌握其正确的维护方法。

　　(2) 掌握 KBSG 型干式变压器的常见故障检查及处理方法。

一、工具、仪表

　　常用电工工具 1 套，高压验电笔、十字旋具、一字旋具各 1 个，瓦检仪、万用表、2500 V 兆欧表、钳形电流表各 1 块。

二、设备

　　KBSG 型干式变压器。

三、材料与资料

　　KBSG 型干式变压器使用说明书，劳保用品、工作服、绝缘手套、绝缘鞋。

学习活动3 现场施工

【学习目标】

　　(1) 能正确使用和维护 KBSG 型干式变压器。

　　(2) 能检查、分析并排除 KBSG 型干式变压器的常见故障。

【建议课时】

　　2 课时。

【任务实施】

实训 KBSG 型干式变压器的故障排除

1. 实训准备。

2. 变压器的检查。

3. 故障信息收集。

4. 故障分析。

5. 确定故障点，排除故障。

6. 排除故障后通电试运行。

7. 清理现场。

8. 自我评价。

学习活动4 总结与评价

一、评分标准

实训 KBSG型干式变压器的故障排除的评分标准

序号	主要内容	评分标准	配分	扣分	得分
1	实训准备	1. 工具、仪表及材料准备少一项，扣2分。 2. 工具、仪表及材料准备错误，每项扣3分。 3. 不参与实训准备，扣2分	5		
2	变压器的检查	1. 外部检查每缺少一项，扣2分。 2. 器身检查每判断一处错误或缺少一项，扣3分	10		

（续）

序号	主要内容	评 分 标 准	配分	扣分	得分
3	收集故障信息	1. 进行设备的内外检查，缺少一项扣2分。 2. 故障现象判断不正确的，每次扣2分	5		
4	故障分析	1. 错标或标不出故障范围，每个故障点扣3分。 2. 不能标出最小的故障范围，每个故障点扣2分	20		
5	故障排除	1. 实际排除故障中思路不清楚，每个故障点扣3分。 2. 每少查出一个故障点，扣3分。 3. 每少排除一个故障点，扣4分。 4. 排除故障方法不正确，每处扣4分	35		
6	通电试运行	1. 送电、停电方向不对，每次扣3分。 2. 送电、停电动作不到位，每次扣1分。 3. 通电试运行不成功，每次扣5分	10		
7	其他	排除故障时产生新的故障不能自行修复，每项扣5分；已经修复，每项扣2分	15		
8	安全文明生产	每违规一次扣5分			
9	备注		合计	100	
			教师签名		

二、教师评价

学习任务四　KBSGZY 系列矿用隔爆型移动变电站

【学习目标】

（1）了解 KBSGZY 系列矿用隔爆型移动变电站的结构组成。

（2）理解 KBSGZY 系列矿用隔爆型移动变电站的工作原理。

（3）会安装和维护 KBSGZY 系列矿用隔爆型移动变电站。

（4）会操作 KBSGZY 系列矿用隔爆型移动变电站。

【建议课时】

8 课时。

学习活动1 明 确 工 作 任 务

【学习目标】

（1）了解 KBSGZY 系列矿用隔爆型移动变电站的结构组成。

（2）掌握 KBSGZY 系列矿用隔爆型移动变电站的工作原理。

【建议课时】

4 课时。

【学习过程】

在进行操作前，学生要对 KBSGZY 系列矿用隔爆型移动变电站的型号含义、用途、结构、操作、安装维护等内容进行学习，然后请回答以下问题。

1. 说明 KBSGZY 系列矿用隔爆型移动变电站的型号含义及用途。

2. 试分析 KBSGZY 系列矿用隔爆型移动变电站的结构有哪几部分组成？各有何特点？

3. 试说明 KBSGZY 系列矿用隔爆型移动变电站的工作原理。

4. 试说明 KBSGZY 系列矿用隔爆型移动变电站电气联锁、机械联锁的作用。

5. KBSGZY 系列矿用隔爆型移动变电站使用时应注意哪些事项？

6. KBSGZY 系列矿用隔爆型移动变电站如何进行维护?

学习活动2 工作前的准备

【学习目标】

（1）阅读 KBSGZY 系列矿用移动变电站说明书，掌握其正确的操作方法。

（2）会安装和维护 KBSGZY 系列矿用隔爆型移动变电站。

（3）会操作 KBSGZY 系列矿用隔爆型移动变电站。

一、工具、仪表

常用电工工具1套，验电笔、十字旋具、一字旋具各1个，万用表、兆欧表、钳形电流表各1块。

二、设备

KBSGZY 系列矿用隔爆型移动变电站。

三、材料与资料

KBSGZY 系列矿用隔爆型移动变电站使用说明书，劳保用品、工作服、绝缘手套、绝缘鞋。

学习活动3 现 场 施 工

【学习目标】

（1）会安装和维护 KBSGZY 系列矿用隔爆型移动变电站。

（2）会操作 KBSGZY 系列矿用隔爆型移动变电站。

【建议课时】

4 课时。

【任务实施】

实训 KBSGZY 系列矿用隔爆型移动变电站的安装调试

1. 实训准备。

2. 开关门操作。

3. 移动变电站的结构。

4. 实验与整定。

5. 完成接线。

6. 排除故障后通电试运行。

7. 清理现场。

8. 自我评价。

学习活动4 总结与评价

一、评分标准

实训 KBSGZY 系列矿用隔爆型移动变电站的安装调试评分标准

序号	主要内容	评分标准	配分	扣分	得分
1	实训准备	1. 工具、仪表及材料准备少一项，扣2分。 2. 工具、仪表及材料准备错误，每项扣3分	5		
2	设备器材检查	1. 设备、器材未检查，每项扣5分。 2. 未监测设备绝缘情况或监测错误，每项扣5分	10		
3	开关门操作	1. 不能按照正确方法和顺序打开门盖，每错一处扣2分。 2. 不能按照正确方法和顺序合上门盖，每错一处扣2分	20		
4	移动变电站的结构	1. 元器件判断错误，每处扣2分。 2. 接线判断错误，每处扣2分	5		
5	实验整定	1. 未按要求试验，每处扣2分。 2. 未按供电要求设定，每处扣2分	10		
6	安装接线	安装接线错误，每处扣5分	15		

（续）

序号	主要内容	评分标准	配分	扣分	得分
7	调试通电试验	1. 设定错误，每次扣 5 分。 2. 调试错误，每次扣 5 分。 3. 停送电错误，每次扣 5 分。 4. 送电不成功，每次扣 5 分	35		
8	安全文明生产	每违规一次扣 5 分			
9	备注		合计	100	
			教师签名		

二、教师评价

学习任务五　QJZ-400/1140 矿用隔爆兼本质安全型真空电磁启动器

【学习目标】

（1）了解 QJZ-400/1140 矿用隔爆兼本质安全型真空电磁启动器的用途和结构。

（2）理解 QJZ-400/1140 矿用隔爆兼本质安全型真空电磁启动器的工作原理。

（3）能够正确操作 QJZ-400/1140 矿用隔爆兼本质安全型真空电磁启动器。

（4）能对 QJZ-400/1140 矿用隔爆兼本质安全型真空电磁启动器的常见故障进行分析和排除。

【建议课时】

8 课时。

学习活动 1　明确工作任务

【学习目标】

（1）了解 QJZ-400/1140 矿用隔爆兼本质安全型真空电磁启动器的用途、型号含义和结构特点。

（2）理解 QJZ-400/1140 矿用隔爆兼本质安全型真空电磁启动器的工作原理。

【建议课时】

4 课时。

【学习过程】

在进行操作前，学生要对 QJZ-400/1140 矿用隔爆兼本质安全型真空电磁启动器的型号含义、用途、结构、操作、安装维护等内容进行学习，然后请回答以下问题。

1. 说明 QJZ-400/1140 矿用隔爆兼本质安全型真空电磁启动器的型号含义及用途。

2. 试分析 QJZ-400/1140 矿用隔爆兼本质安全型真空电磁启动器的结构有哪几部分组成。各有何特点?

3. 试说明 QJZ-400/1140 矿用隔爆兼本质安全型真空电磁启动器的工作原理。

4. 试说明电流互感器、噪声滤波器、开关电源、RC 阻容吸收器的作用。

5. QJZ-400/1140 矿用隔爆兼本质安全型真空电磁启动器使用时应注意哪些事项?

6. QJZ-400/1140 矿用隔爆兼本质安全型真空电磁启动器是如何进行安装维护的?

7. QJZ-400/1140 矿用隔爆兼本质安全型真空电磁启动器有哪些常见故障? 如何排除?

学习活动 2 工作前的准备

【学习目标】

阅读 QJZ-400/1140 矿用隔爆兼本质安全型真空电磁启动器说明书，掌握其正确的操作方法。

一、工具、仪表

常用电工工具 1 套，验电笔、十字旋具、一字旋具、剥线钳、扁嘴钳各 1 个，数字万用表、1000 V 兆欧表、钳形电流表各 1 块。

二、设备

QJZ-400/1140 矿用隔爆兼本质安全型真空电磁启动器、两挡按钮 1 个。

三、材料与资料

QJZ-400/1140 矿用隔爆兼本质安全型真空电磁启动器说明书，绝缘胶布及胶质线、2.5 mm² 控制电缆、φ32 mm 橡套电缆若干，劳保用品、工作服、绝缘手套、绝缘鞋。

学习活动 3 现 场 施 工

【学习目标】

（1）了解 QJZ-400/1140 矿用隔爆兼本质安全型真空电磁启动器的维护、保养与注意事项。

（2）能够正确使用 QJZ-400/1140 矿用隔爆兼本质安全型真空电磁启动器。

（3）能对 QJZ-400/11400 矿用隔爆兼本质安全型真空电磁启动器的常见故障进行分析和排除。

【建议课时】

4 课时。

【任务实施】

实训一 QJZ-400/11400 矿用隔爆兼本质安全型真空电磁启动器的操作与运行

1. 实训准备。

2. 开关门操作。

3. 接线腔接线。

4. 检查接线。

5. 参数整定。

6. 通电试运转。

7. 清理现场。

实训二　QJZ-400/1140 矿用隔爆兼本质安全型真空电磁启动器的故障排除

1. 实训准备。

2. 开关门操作。

3. 故障信息收集。

4. 故障分析。

5. 确定故障点，排除故障。

6. 排除故障后通电试运行。

7. 清理现场。

8. 自我评价。

学习活动 4　总　结　与　评　价

一、评分标准

实训一　QJZ-400/1140 矿用隔爆兼本质安全型真空电磁启动器操作与运行的评分标准

序号	主要内容	评 分 标 准	配分	扣分	得分
1	实训准备	1. 工具、仪表及材料准备少一项，扣2分。 2. 工具、仪表及材料准备错误，每项扣3分。 3. 不参与训练准备，扣2分	5		

（续）

序号	主要内容	评分标准	配分	扣分	得分
2	开关门操作	1. 不能正确打开电磁启动器门盖，扣2分。 2. 不能正确合上电磁启动器门盖，扣3分	5		
3	远控接线	1. 接线不正确，每处扣10分；接点粗糙，每处扣5分。 2. 布局不合理，每处扣5分。 3. 排列不整齐，每次扣3分	30		
4	接线检查	1. 不能正确进行接线检查，每次扣3分。 2. 仪器仪表使用不当，每次扣1分	15		
5	参数设定	1. 不能正确设定参数，每次10分。 2. 参数设定不符要求，每次扣10分	30		
6	通电运行	1. 送电、停电顺序不对，每次扣3分。 2. 送电、停电动作不到位，每处扣1分。 3. 通电试运行不成功，每次扣5分	15		
7	安全文明生产	每违规一次扣5分			
8	备注		合计	100	
			教师签名		

实训二 QJZ-400/1140矿用隔爆兼本质安全型真空电磁启动器故障排除的评分标准

序号	主要内容	评分标准	配分	扣分	得分
1	实训准备	1. 工具、仪表及材料准备少一项，扣2分。 2. 工具、仪表及材料准备错误，每项扣3分。 3. 不参与训练准备，扣2分	5		
2	开关门操作	1. 不能正确打开启动器门盖，扣2分。 2. 不能正确合上启动器门盖，扣3分	5		
3	收集故障信息	1. 不进行设备的内外检查，缺少一项扣2分。 2. 故障现象判断不正确的，每次扣2分	5		
4	故障分析	1. 错标或标不出故障范围，每个故障点扣3分。 2. 不能标出最小的故障范围，每个故障点扣2分	20		
5	故障排除	要求：正确使用工具和仪表，找出故障并排除故障。 1. 实际排除故障中思路不清楚，每个故障点，扣3分。 2. 每少查出一个故障点，扣3分。 3. 每少排除一个故障点扣4分。 4. 排除故障方法不正确，每处扣4分	45		

（续）

序号	主要内容	评 分 标 准	配分	扣分	得分
6	通电试运行	1. 送电、停电顺序不对，每次扣3分。 2. 送电、停电动作不到位，每次扣1分。 3. 通电试运行不成功，每次扣5分	10		
7	其他	排除故障时产生新的故障不能自行修复，每项扣5分；已经修复，每项扣2分	10		
8	安全文明生产	每违规一次扣5分			
9	备注	合计	100		
		教师签名			

二、教师评价

学习任务六　矿　用　电　缆

【学习目标】

（1）熟悉矿用电缆的结构特点与选用方法。

（2）能够对运行中的电缆进行维护、检查与故障判断。

（3）掌握电缆的选用与连接方法，能完成矿用电缆与电气设备的连接操作。

【建议课时】

8课时。

学习活动1　明确工作任务

【学习目标】

（1）了解常见矿用电缆的种类、结构及其特点。

（2）熟悉矿用电缆的选用及连接方法。

【建议课时】

4课时。

【学习过程】

在进行操作前，学生要对矿用电缆的类型、结构、特点、型号含义、电缆的选用方法、运行维护等内容进行学习，然后请回答以下问题。

1. 橡套电缆根据外护套材料不同分为哪两种？并说明这两种电缆的结构有何不同？

2. 屏蔽型橡套电缆的主要特点是什么？

3. UGSP 型双屏蔽电缆有什么特殊作用？

4. 试说明矿用橡套电缆的型号含义。

5. 矿用橡套电缆从哪几方面进行选择？

6. 矿用橡套电缆的型号选择应满足什么要求？

7. 电缆的长度如何确定？当电缆中间有接头时，应在电缆两端头处各增加多少米合适？

8. 电缆的芯数如何确定确定？

9. 选择电缆截面主要是选择电缆什么线的截面？一般按什么条件来确定？

10. 矿用电缆的运行维护包括哪些项目？如何进行？

11. 矿用电缆运行中的检查内容有哪些？

12. 运行中的矿用电缆如何进行维护管理？

13. 矿用电缆运行中如何进行电缆试验？

14. 矿用电缆有哪些常见故障？并分析其产生原因？

15. 电缆故障点如何查找？

学习活动 2　工 作 前 的 准 备

【学习目标】

（1）熟悉矿用电缆的结构特点与选用方法。

（2）能够对运行中的电缆进行维护、检查与故障判断。

（3）掌握电缆的选用与连接方法，能完成矿用电缆与电气设备的连接操作。

一、工具、仪表

矿用防爆 ZC-12 型兆欧表 1 块，电工常用工具 1 套，木锉、剪刀各 1 把。

二、设备

保护接地装置 1 副，安全火花型 ZC-18 型接地电阻测量仪 1 块，矿用隔爆电磁启动器

1 台。

三、材料与资料

矿用电缆若干，防锈油若干，记录用的纸、笔等。

学习活动3 现 场 施 工

【学习目标】

(1) 熟悉矿用电缆的结构特点与选用方法。

(2) 能够对运行中的电缆进行维护、检查与故障判断。

(3) 掌握电缆的选用与连接方法，能完成矿用电缆与电气设备的连接操作。

【建议课时】

4 课时。

【任务实施】

实训一 煤矿用电缆绝缘电阻的测定与故障判断

1. 工具器材准备。

2. 电缆绝缘电阻的测定。

3. 电缆单相接地故障的判断。

4. 电缆相间短路故障的判断。

5. 电缆断路故障的判断。

实训二 矿用电缆与煤矿隔爆电气设备的连接

1. 准备工作。

2. 电缆的穿入。

3. 电缆头的剥削。

4. 电缆线芯连接。

5. 屏蔽层连接。

6. 自我评价。

学习活动4 总结与评价

一、评分标准

实训一 煤矿用电缆绝缘电阻的测定与故障判断评分标准

序号	主要内容	评分标准	配分	扣分	得分
1	准备器材仪表设备	1. 未检查保护接地装置或接地电阻不符合要求的，每出现一处扣2分。 2. 未检查兆欧表防爆性能或未进行开路、短路试验的，每出现一处扣5分。 3. 对作业地点的瓦斯含量未检查或监视的，每出现一处扣10分	20		
2	绝缘电阻测定	1. 接线错误或接线不符合要求的，每一处扣5分。 2. 兆欧表使用方法不规范或读值不准的，每出现一次扣10分。 3. 电缆绝缘性能判断错误的，每次扣10分	30		
3	单相接地故障判断	1. 接线错误或接线不规范的，每处扣5分。 2. 兆欧表使用方法有误或读值不准的，每出现一次扣5分。 3. 单相接地故障判断错误的，每次扣10分	20		
4	相间短路故障判断	1. 接线错误或接线不规范的，每处扣5分。 2. 兆欧表使用方法有误的，每出现一次扣5分。 3. 相间短路故障判断错误或读值不准的，每次扣10分	15		

（续）

序号	主要内容	评 分 标 准	配分	扣分	得分
5	电缆断路故障判断	1. 接线错误或接线不规范的，每处扣 5 分。 2. 兆欧表使用方法有误或读值不准的，每出现一次扣 10 分。 3. 电缆断路故障判断错误每次扣 10 分	15		
6	安全文明生产	每违规一次扣 5 分			
7	备注	合计	100		
		教师签名			

实训二　矿用电缆与煤矿隔爆电气设备的连接评分标准

序号	主要内容	评 分 标 准	配分	扣分	得分
1	准备工作	1. 对所需工具、器材及仪表未进行完好性能检查的，每处扣 2 分。 2. 用兆欧表检查电缆绝缘性能操作有误或不规范的，每出现一处扣 5 分。 3. 对作业地点瓦斯含量未检查或监视的，扣 10 分	15		
2	电缆穿入	1. 对密封圈内径、宽度、厚度及有无破损检查不当或缺项的，每处扣 2 分。 2. 将密封圈割开使用的，每次扣 5 分。 3. 对电缆防脱装置、启动器接线柱完好性未检查或漏检的，每处扣 10 分。 4. 电缆护套穿入进线嘴长度不符合要求的，每出现一处扣 5 分	15		
3	电缆头剥削	1. 使用工具不当或电缆头剥削操作不规范的，每处扣 2 分。 2. 电缆绝缘层、屏蔽层剥削不符合要求或操作不规范的，每次扣 5 分。 3. 电缆主线芯、接地线芯剥削长度不符合要求或损伤线芯的，每处扣 10 分	20		
4	电缆线芯连接	1. 接线有毛刺，连接质量不高的，每处扣 5 分。 2. 接线工艺不符合要求的，每处扣 10 分。 3. 接线错误的，每处扣 20 分	30		
5	屏蔽层连接	1. 屏蔽层处理不符合工艺要求或有毛刺的，每处扣 5 分。 2. 屏蔽层与导体裸露部分空气间隔不合格的，每出现一处扣 5 分。 3. 接线后试验不合格或屏蔽层未良好接地的，每处扣 10 分	20		

（续）

序号	主要内容	评 分 标 准	配分	扣分	得分
6	安全文明生产	每违规一次扣5分			
7	备注		合计 100		
			教师签名		

二、教师评价

模块四　井下供电安全技术措施

学习任务一　井下电气设备的过电压
保护安全技术措施

【学习目标】

(1) 了解产生过电压的原因及危害。

(2) 理解井下过电压的保护原理。

(3) 熟悉过电压保护在隔爆开关中的应用。

(4) 正确确定和维护保护器件的电压。

【建议课时】

8 课时。

学习活动 1　明确工作任务

【学习目标】

(1) 了解产生过电压的原因及危害。

(2) 理解井下过电压的保护原理。

【建议课时】

4 课时。

【学习过程】

在进行操作前，学生要对过电压的产生原因、危害、保护措施、安装维护等内容进行学习，然后请回答以下问题。

1. 什么是过电压？按产生过电压原因的不同，过电压分为哪两种？

2. 大气过电压有何特点？有哪些类型？

3. 直接雷击过电压有何危害？对直接雷过电压的防护，一般采用什么装置进行保护？

4. 感应雷过电压有何危害？对感应雷过电压的防护，一般采用什么装置进行保护？

5. 内部过电压有何特点？有哪些类型？

6. 操作过电压是如何产生的？有哪些类型？

7. 试说明阻容（RC）吸收电路的保护原理。

8. 试说明压敏电阻的保护原理。

9. 如何对阻容吸收装置进行维护检查？

10. 试说明阻容吸收装置的故障判断方法有哪些？

11. 如何用电容电桥测量阻容吸收装置？

学习活动 2 工作前的准备

【学习目标】

（1）熟悉过电压保护在隔爆开关中的应用。

（2）正确确定和维护保护器件的电压。

（3）能正确安装与维护过电压保护装置。

（4）能简单判断并排除过电压保护装置的常见故障。

一、工具、仪表

常用电工工具 1 套，验电笔 1 个，数字万用表，电容电桥测量仪 1 台。

二、设备

QBZ 系列隔爆电磁启动器。

三、材料与资料

QBZ 系列隔爆电磁启动器产品说明书，过电压保护资料，工作服、绝缘手套、绝缘靴，记录用的纸、笔等。

学习活动 3 现场施工

【学习目标】

（1）熟悉过电压保护在隔爆开关中的应用。

（2）正确确定和维护保护器件的电压。

（3）能正确安装与维护过电压保护装置。

（4）能简单判断并排除过电压保护装置的常见故障。

【建议课时】

4 课时。

【任务实施】

实训 阻容过电压吸收装置

1. 实训准备。

2. 开门操作。

3. 阻容吸收装置的验电、放电。

4. 阻容吸收装置的检查。

5. 自我评价。

学习活动 4　总 结 与 评 价

一、评分标准

实训　阻容过电压吸收装置的评分标准

序号	主要内容	评 分 标 准	配分	扣分	得分
1	实训准备	1. 工具、仪表及材料准备少一项，扣2分。 2. 工具、仪表及材料准备错误，每项扣3分。 3. 不参与训练准备，扣2分。	10		
2	开门操作	1. 停电操作方法不正确，每一处扣10分。 2. 机械闭锁装置未到位，扣15分。	20		
3	阻容吸收装置的验电、放电	1. 对阻容吸收装置未验电的，每处扣5分。 2. 对阻容吸收装置未放电的，每处扣10分	30		
4	阻容吸收装置的检查	1. 万用表使用不正确，每处扣15分。 2. 电容电桥测量仪使用方法有误的，每出现一次扣10分。 3. 电容和电阻故障判断错误或读值不准的，每次扣10分	40		
6	安全文明生产	每违规一次扣5分			
7	备注		合计	100	
			教师签名		

二、教师评价

学习任务二 人体触电与急救的安全技术措施

【学习目标】

(1) 了解电流对人体的伤害。

(2) 了解触电的方式。

(3) 会进行触电急救操作。

【建议课时】

6 课时。

学 习 活 动 1 明 确 工 作 任 务

【学习目标】

(1) 了解电流对人体的伤害。

(2) 了解触电的方式。

(3) 会进行触电急救操作。

【建议课时】

2 课时。

【学习过程】

在进行操作前，学生要对触电的类型、影响触电危害程度的因素、触电方式、预防措施、使触电者脱离电源的方法及触电急救的判断施救等内容进行学习，然后请回答以下问题。

1. 触电电流对人体的伤害分为哪两大类？

2. 电击和电伤有何不同？

3. 触电对人体的危害程度由哪些因素决定？

4. 人体触电电流的大小与什么有关？

5. 按接触电源时的情况不同，触电方式可分为哪些类型？

6. 什么是单相触电？造成单相触电的原因有哪些？

7. 什么是两相触电？

8. 什么是跨步电压触电？其安全距离是多少？

9. 预防触电的措施有哪些？

10. 试说明快速切断电源的方法有哪些？

11. 如何对触电者进行简单判断？

学习活动 2 工作前的准备

【学习目标】

（1）了解电流对人体的伤害。

(2) 了解触电的方式。

(3) 会进行触电急救操作。

一、工具

本次活动不需要。

二、设备

人体模具。

三、材料与资料

触电急救的资料，记录用的纸、笔等。

学习活动3 现 场 施 工

【学习目标】

会进行触电急救操作。

【建议课时】

4课时。

【任务实施】

实训 触 电 急 救

1. 口述使触电者脱离电源的方法。

2. 对触电者进行简单判断的方法。

3. 人工呼吸法的演练。

4. 胸外心脏按压法的演练。

5. 自我评价

学习活动 4　总 结 与 评 价

一、评分标准

实训　触电急救的评分标准

序号	主要内容	评 分 标 准	配分	扣分	得分
1	触电者脱离电源的方法	1. 口述不完整的，每缺少一项扣 2 分。 2. 口述不正确的，每答错一项扣 2 分	10		
2	对触电者进行简单判断	1. 判断不正确，每一项扣 2～5 分。 2. 判断错误，每错一项扣 2～5 分	20		
3	人工呼吸法	1. 施救不正确，每发生一次扣 5 分。 2. 施救不到位，每发生一次扣 5 分	35		
4	胸外心脏按压法	1. 施救不正确，每发生一次扣 5 分。 2. 施救不到位，每发生一次扣 5 分	35		
6	安全文明生产	每违规一次扣 5 分			
7	备注		合计	100	
			教师签名		

二、教师评价

学习任务三　风电闭锁的安全技术措施

【学习目标】

（1）了解风电闭锁保护装置的原理。

（2）掌握 QBZ-120（2×80）型矿用隔爆风电闭锁真空电磁启动器的电气原理。

（3）能正确使用、维护风电闭锁保护装置。

（4）能对常见故障进行简要分析，并正确处理。

【建议课时】

8 课时。

学习活动1　明确工作任务

【学习目标】

（1）了解风电闭锁保护装置的原理。

（2）掌握 QBZ-120（2×80）型矿用隔爆风电闭锁真空电磁启动器的电气原理。

【建议课时】

4 课时。

【学习过程】

在进行操作前，学生要对风电闭锁保护装置的作用、结构、电气原理、使用及维护风电闭锁保护装置，对常见故障进行简要分析和处理等内容进行学习，然后请回答以下问题。

1. 掘进工作面安装风电闭锁保护装置的目的是什么？

2. 试分析图 4-1 的风电闭锁保护原理。

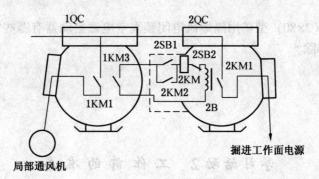

图 4-1　风电闭锁基本原理图

3. 试说明 QBZ-120（2×80）型矿用隔爆风电闭锁真空电磁启动器的结构。

4. JDB 电动机综合保护器起什么作用?

5. QBZ-120（2×80）型矿用隔爆风电闭锁真空电磁启动器如何实现备用风机的自动转换?

6. QBZ-120（2×80）型矿用隔爆风电闭锁真空电磁启动器如何实现"先通风后送电"控制操作?

7. QBZ-120（2×80）型矿用隔爆风电闭锁真空电磁启动器的安装调试有哪些要求?

8. QBZ-120（2×80）型矿用隔爆风电闭锁真空电磁启动器有哪些常见故障? 产生原因是什么? 如何排除?

学习活动2　工作前的准备

【学习目标】

（1）了解风电闭锁保护装置的原理。

（2）掌握 QBZ-120（2×80）型矿用隔爆风电闭锁真空电磁启动器的电气原理。

（3）能正确使用、维护风电闭锁保护装置。

（4）能对常见故障进行简要分析，并正确处理。

一、工具、仪表

电工工具1套，万用表1块，十字旋具和一字旋具各1把。

二、设备

QBZ-120（2×80）型矿用隔爆风电闭锁真空电磁启动器。

三、材料与资料

QBZ-120（2×80）型矿用隔爆风电闭锁真空电磁启动器。

学习活动 3　现　场　施　工

【学习目标】

（1）能正确使用、维护风电闭锁保护装置。

（2）能对常见故障进行简要分析，并正确处理。

【建议课时】

4 课时。

【任务实施】

实训　QBZ-120（2×80）型矿用隔爆风电闭锁真空电磁启动器的常见故障分析

1. 实训准备。

2. 故障信息收集。

3. 故障分析。

4. 确定故障点，排除故障。

5. 排除故障后通电试运行。

6. 清理现场。

7. 自我评价。

学习活动4 总结与评价

一、评分标准

实训 QBZ-120 (2×80) 型矿用隔爆风电闭锁真空电磁启动器常见故障分析的评分标准

序号	项目内容	评 分 标 准	配分	扣分	得分
1	实训准备	1. 工具、仪表及材料准备缺少一项，扣2分。 2. 工具、仪表及材料准备错误，每项扣3分。 3. 不参与训练准备，扣2分	5		
2	收集故障信息	1. 未进行设备的内外检查，每项扣2分。 2. 不询问故障现象，每次扣2分	10		
3	故障分析	1. 错标或标不出故障范围，每个故障点扣3分。 2. 不能标出最小的故障范围，每个故障点扣2分	20		
4	故障排除	1. 实际排除故障中思路不清楚，每个故障点扣3分。 2. 每少查出一个故障点，扣3分。 3. 每少排除一个故障点，扣4分。 4. 排除故障方法不正确，每处扣4分	45		

（续）

序号	项目内容	评 分 标 准	配分	扣分	得分
5	通电试运行	1. 送电、停电方向不对，每次扣3分。 2. 送电、停电动作不到位，每处扣1分。 3. 通电试运行不成功，每次扣5分	20		
6	安全文明生产	每违规一次扣2分			
7	备注	合计	100		
		教师签名			

二、教师评价

学习任务四　瓦斯电闭锁的安全技术措施

【学习目标】

（1）熟悉 KGJ15 型智能遥控甲烷传感器的结构、特点。

（2）能正确地使用、维护 KGJ15 型智能遥控甲烷传感器，实现瓦斯电闭锁保护。

【建议课时】

8 课时。

学习活动1　明确工作任务

【学习目标】

（1）熟悉 KGJ15 型智能遥控甲烷传感器的结构、特点。

（2）能正确使用、维护 KGJ15 型智能遥控甲烷传感器，实现瓦斯电闭锁保护。

【建议课时】

4 课时。

【学习过程】

在进行操作前，学生要对瓦斯电闭锁保护装置的作用、KGJ15 型智能遥控甲烷传感器的结构、特点，正确使用维护 KGJ15 型智能遥控甲烷传感器、实现瓦斯电闭锁保护等内容进行学习，然后请回答以下问题。

1. 瓦斯电闭锁装置一般由＿＿＿＿＿＿和＿＿＿＿＿＿两大部分组成。

2. 瓦斯报警信号线接在＿＿＿＿＿＿、＿＿＿＿＿＿两个接线柱上。

3. 瓦斯电闭锁的作用是什么？

4. KGJ15 型智能遥控甲烷传感器的用途是什么？

5. 试说明 KGJ15 型智能遥控甲烷传感器的型号含义。

6. KGJ15 型智能遥控甲烷传感器的使用环境条件是什么？

7. KGJ15 型智能遥控甲烷传感器的主要特点是什么？

8. KGJ15 型智能遥控甲烷传感器的主要技术指标有哪些？

9. KGJ15 型智能遥控甲烷传感器的安装注意事项有哪些？

10. KGJ15 型智能遥控甲烷传感器的维护注意事项有哪些？

学习活动2　工作前的准备

【学习目标】

（1）熟悉 KGJ15 型智能遥控甲烷传感器的结构、特点。

（2）能正确安装、使用 KGJ15 型智能遥控甲烷传感器。

一、工具、仪表

电工工具 1 套，验电笔、十字旋具、一字旋具各 1 个，万用表、兆欧表各 1 块。

二、设备

QBZ 启动器 1 台，KGJ15 型智能遥控甲烷传感器 1 套。

三、材料与资料

KGJ15 型智能遥控甲烷传感器产品说明书，劳保用品、工作服、绝缘手套、绝缘鞋。

学习活动3　现　场　施　工

【学习目标】

能正确安装使用 KGJ15 型智能遥控甲烷传感器。

【建议课时】

4 课时。

【任务实施】

KGJ15 型智能遥控甲烷传感器的安装调试

1. 实训准备。

2. KGJ15 型智能遥控甲烷传感器的检查。

3. KGJ15 型智能遥控甲烷传感器的调整。

4. KGJ15 型智能遥控甲烷传感器的安装接线。

5. 送电运行。

6. 自我评价。

学习活动4 总结与评价

一、评分标准

实训 KGJ15型智能遥控甲烷传感器安装调试的评分标准

序号	项目内容	评 分 标 准	配分	扣分	得分
1	实训准备	1. 工具、仪表及材料准备缺少一项，扣2分。 2. 工具、仪表及材料准备错误，每项扣3分。 3. 不参与实训准备，扣2分	5		
2	检查	1. 未进行传感器外观检查，每项扣2分。 2. 不通电检查的，扣2分	10		
3	调整	1. 没有按规定要求进行调整的，每次扣3分。 2. 操作不正确的，每次扣2分。 3. 调整不完整的，每项扣2分	30		
4	安装接线	1. 安装不正确的，扣3分。 2. 安装不牢固的，扣3分。 3. 安装顺序不对的，扣4分	35		
5	通电运行	1. 送电、停电方向不对，每次扣3分。 2. 送电、停电动作不到位，每处扣1分。 3. 通电试运行不成功，每次扣5分	20		
6	安全文明生产	每违规一次扣2分			
7	备注		合计	100	
			教师签名		

二、教师评价